Le BIM entre recherche et industrialisation

BIM et maquette numérique aux éditions Eyrolles

Nader Boutros, Régine Teulier (dir.), *À la pointe du BIM. Ingénierie & architecture, enseignement & recherche*, 2018, 192 p.

Sylvain Riss, Aurélie Talon & Régine Teulier (dir.), *Le BIM éclairé par la recherche*, 2017, 192 p., coédition Eyrolles/CESI (exclusivement disponible en livre numérique)

Olivier Celnik & Éric Lebègue (dir.), *BIM et maquette numérique pour l'architecture, le bâtiment et la construction,* préface de Bertrand Delcambre, 2ᵉ éd. 2016, 768 p., coédition Eyrolles/CSTB/MediaConstruct (exclusivement disponible en livre numérique)

Karen Kensek, *Manuel BIM. Théorie et applications,* préface de Bertrand Delcambre, 2015, 256 p.

Éric Lebègue & José Antonio Cuba Segura, *Conduire un projet de construction à l'aide du BIM*, 2015, 80 p., coédition Eyrolles/CSTB

Anne-Marie Bellenger & Amélie Blandin, *Le BIM sous l'angle du droit : pratiques contractuelles et responsabilités*, 2ᵉ éd. 2019, 208 p.

Serge K. Levan, *Management et collaboration BIM,* 2016, 208 p.

Annalisa De Maestri, *Premiers pas en BIM : l'essentiel en 100 pages,* 2017, 104 p., coédition Eyrolles/Afnor

Christophe Lheureux, *BIM pour le maître d'ouvrage. Comment passer à l'action*, 2017, 96 p.

Patrick Dupin, *Le LEAN appliqué à la construction. Comment optimiser la gestion de projet et réduire coûts et délais dans le bâtiment*, 2014, 160 p.

Brad Hardin & Dave McCool, *Le BIM appliqué au management du projet de construction. Méthode, flux de travaux et outils*, édition française de Luigi Failla, 2019, 380 p., coédition Eyrolles/Afnor éditions

Jonathan Renou & Stevens Chemise, *Revit pour le BIM : Initiation générale et perfectionnement structure*, 5ᵉ éd., 2018, 472 p.

Julie Guézo & Pierre Navarra, *Revit Architecture : développement de projet et bonnes pratiques*, 2ᵉ éd. 2018, 516 p.

Vincent Bleyenheuft, avec la contribution de Julien Blachère et de Christophe Onraet, *Les familles de Revit pour le BIM*, 2ᵉ éd. 2018, 408 p.

Olivier Lehmann, Sandro Varano & Jean-Paul Wetzel, *SketchUp pour les architectes*, 2014, 246 p.

Matthieu Dupont de Dinechin, *Blender pour l'architecture : conception, rendu, animation et impression 3D de scènes architecturales*, 2ᵉ éd., 2016, 336 p.

**…et des dizaines d'autres livres de BTP, de génie civil,
de construction et d'architecture sur
www.editions-eyrolles.com**

Charles-Édouard Tolmer & Régine Teulier
coordinateurs

Le BIM entre recherche et industrialisation

Éditions EYROLLES

ÉDITIONS EYROLLES
61, bd Saint-Germain
75240 Paris Cedex 05
www.editions-eyrolles.com

Conception graphique et mise en pages : Hervé Soulard

Sommaire

Table des matières

CHAPITRE 3. Vocabulaires de données liées pour le BIM
Ana-Maria Roxin

Préambule

EduBIM est le lieu de rencontres et d'échanges autour du BIM mettant en relation les enseignants, les chercheurs et les formateurs. Ce réseau qui s'agrandit d'année en année comprend tous les niveaux de formation (STI2D, STS, IUT, universités, écoles d'ingénieurs, etc.) et toutes les spécialités (bâtiment, travaux publics, sciences sociales, etc.). Il entretient un lien fort avec les entreprises, notamment à travers le projet national MINnD qui est à l'origine de ces journées.

Après la première édition en 2015 à l'ESITC Caen, la deuxième à l'ESTP (Cachan), celle de 2017 organisée par le CESI à Nanterre et celle de 2018 à Polytech Clermont, la 5ᵉ édition a lieu à l'ENS Paris-Saclay. Cette conférence se compose de deux journées complémentaires. Une journée Workshop permettant d'échanger sur les dernières avancées en termes de recherche autour du BIM, puis une journée enseignement permettant d'échanger sur l'évolution de la pédagogie de par l'intégration de ce processus de travail collaboratif mais aussi de mettre en pratique des outils lors d'ateliers : vérification de la cohérence des maquettes de différents corps d'état, outils de modélisation 4D et interopérabilité, réalité virtuelle, construction collaborative d'un pont, architecture paramétrique, correction automatisée des maquettes numériques.

Établissement public fondé en 1912, l'École normale supérieure Paris-Saclay est inscrite dans la tradition d'excellence des écoles normales supérieures, elle offre une formation culturelle et scientifique de très haut niveau. Elle prépare ses élèves à mener une carrière dans l'enseignement supérieur et la recherche, la haute administration et les entreprises.

L'ENS Paris-Saclay dispense, par un suivi personnalisé de ses élèves normaliens et étudiants, une formation à et par la recherche, mêlant théorie et applications et favorisant l'interdisciplinarité. Les trois instituts fédératifs de recherche, chacun dans leurs domaines scientifiques, interagissent avec les 13 laboratoires de recherche et les 12 départements d'enseignement pour offrir à chacun la possibilité de construire son parcours et d'exprimer ses talents.

La singularité de l'École normale supérieure de Paris-Saclay est de rassembler des disciplines qu'aucun autre établissement d'enseignement supérieur ne rassemble de cette manière et à ce niveau : des sciences fondamentales (mathématiques, informatique, physique, chimie, biologie), des sciences humaines et sociales (économie, gestion, sociologie, histoire, langues, didactique), des sciences pour l'ingénieur (génie civil, génie mécanique, productique, électrotechnique et automatisme), le design. De par cette pluridisciplinarité intrinsèque, l'ENS est à l'image de la recherche qui s'ouvre sur le BIM, elle est vecteur de rencontres entre individus n'ayant pas le même langage disciplinaire.

Durant l'année scolaire 2019-2020, l'ENS Paris-Saclay emménagera dans ses nouveaux locaux sur le campus de l'université Paris-Saclay. Ce nouveau bâtiment est un vecteur fort des innovations du secteur de la construction tant sur la gestion de l'énergie que sur l'apport du numérique. Le projet a en effet été lauréat du BIM d'or 2015 récompensant une démarche novatrice sur l'utilisation d'une maquette numérique faisant le lien entre tous les corps d'état participant au projet (structure, fluides, électricité, mobilier, paysagisme, etc.). Le département Génie civil de l'ENS s'appuie désormais grandement sur cette expérimentation à l'échelle 1 dans ses enseignements : création de maquettes numériques, calcul de structures, étude du confort acoustique mais aussi sur des problématiques de gestion de l'énergie pour le confort d'été notamment sur lesquelles des projets d'initiation à la recherche sont et seront menés. Les 50 000 points d'entrée de la gestion technique du bâtiment (actionneurs, capteurs…) seront une base de données riche pour la modélisation de l'utilisation des ressources énergétiques pour garantir le confort des utilisateurs.

Le projet permet à l'école d'être pleinement consciente des progrès accomplis et ceux qui restent à accomplir pour cette nouvelle méthode de travail afin d'être pleinement efficace dans toutes les étapes de la vie d'une construction.

Clément Desodt et Xavier Jourdain
ENS Paris-Saclay

Avant-propos

Technologie et sciences humaines et sociales

Les étudiants défricheurs

Autour du BIM, beaucoup d'entreprises en viennent actuellement à s'interroger sur des thèmes qui relèvent des sciences humaines et sociales. Confrontées à la rupture technologique du BIM, elles constatent que les compétences des collaborateurs, que les processus d'interaction entre acteurs, la gestion des projets, des chantiers, sont finalement centraux pour faire évoluer les process et adopter une démarche BIM.

Dans ces nouvelles démarches BIM, qui crée les nouvelles compétences ? Les opérationnels, ingénieurs dans les projets ou dans les fonctions support, sont en première ligne pour tester les dernières solutions BIM. Ce sont eux qui motivent des collaborateurs à s'impliquer dans des démarches expérimentales à l'intérieur d'un processus opérationnel ; à tester de nouvelles solutions sous contraintes de résultats à obtenir, de plannings à respecter. On constate ainsi l'émergence de quelques experts, formés sur le « front » des connaissances relatives au BIM. L'expérience de ces pionniers est précieuse pour orienter mais elle est difficilement transmissible en tant que telle.

Au-delà de la phase exploratoire, la question actuelle est : comment poursuivre ? Il faut choisir les points névralgiques, sélectionner les process à modifier, dans un ordre réfléchi. Le guide méthodologique proposé par MINnD reprend cette démarche d'une vision globale et propose une démarche réfléchie. Mais la question des compétences sous-jacentes, nécessaires pour le mettre en œuvre et instancier toutes les étapes, reste entière. Et chaque entreprise s'y confronte effectivement. C'est l'étape actuelle de l'adoption d'une démarche BIM.

La question de demain sera : comment déployer ? Le déploiement suppose des méthodes validées sur quelques projets qu'on cherche à étendre de façon systématique. Là encore, une vision globale et un certain recul sur ses propres process sont nécessaires. La réflexion globale doit inclure la problématique de l'innovation et de la stratégie de l'entreprise pour choisir une démarche BIM dans une vision plus large incluant l'objectif de l'avantage concurrentiel.

L'enjeu central pour les entreprises est de réussir l'apprentissage organisationnel. Les connaissances et les savoir-faire doivent passer de l'équipe au projet et du projet à l'organisation ; pour une montée en compétences de l'entreprise, il faut capitaliser les connaissances et les savoir-faire. Les éléments classiques : procédures, briques logicielles, choix des outils technologiques adoptés, articulation des outils des éditeurs avec le savoir-faire de l'entreprise, démarches qualité, REX, etc. tout ce qui existe dans le savoir-faire et la culture de l'entreprise seront utilisés.

Les travaux académiques accumulés ces dernières décennies sur l'innovation et spécifiquement sur l'innovation de process aideront à comprendre les processus et la mutation en cours dans la filière construction. Cependant, les entreprises de la filière construction ont à prendre du recul sur la mutation des processus en leur sein. Citons deux thèmes de recherche émergents et sur lesquels l'utilité d'un éclairage des sciences humaines commence à être identifiée.

La coopération est un phénomène central dans le BIM, abordée du point de vue des interactions sociales, elle peut s'analyser à la fois en convoquant la psychologie cognitive, la psychologie sociale ou la sociologie des groupes, dont les concepts sont d'ailleurs bien souvent réutilisés par les sciences de gestion. Les sciences humaines proprement dites à travers la psychologie cognitive et l'ergonomie cognitive sont convoquées pour l'adaptation des postes de travail, pour la conception des postes de travail, notamment chez les éditeurs. Ce sont les ergonomes, les psychologues sociaux, en lien avec les informaticiens ou les gestionnaires qui peuvent permettre des améliorations fines des interfaces, des plates-formes, des modules d'échange et de communication entre les acteurs du projet. Pour l'instant, ces études sont peu observables. Elles ont lieu chez les éditeurs, ou entre les éditeurs et leurs grands clients, lors de la mise à disposition des bêta versions et le déploiement des nouvelles versions. Mais pour gagner en compétence collective de projet en projet, les entreprises de construction doivent accumuler leurs propres réflexions sur l'évolution de leurs process, l'évolution de leur mode projet, leurs modes d'apprentissage, leur capacité à faire un avantage concurrentiel de leurs nouvelles démarches BIM.

En adoptant d'autres points de vue, les sciences de gestion peuvent aussi contribuer à créer des connaissances sur l'adoption du BIM dans les entreprises, à travers par exemple le management de projets. Il est largement partagé que la revue de projet, point nodal de la gestion de projet, ne peut plus se dérouler de la même façon. Elle doit être étudiée de façon très appropriée aux projets de la construction dont les chantiers sont très spécifiques. Le management d'équipes autour du numérique lui-même est complétement renouvelé.

Comment se concrétise la coopération universitaires/industriels pour aborder ces thèmes de recherche et sujets de réflexion ? Au préalable, deux types de communautés doivent exister pour créer de nouvelles connaissances, les valider et former un environnement favorable à l'entreprise.

- Première communauté : le fait que les connaissances progressent sur les sujets autour du BIM exige que la recherche universitaire se consacre à ces sujets. Or, celle-ci est plus souvent orientée par la logique universitaire que par les besoins du monde économique. Construire une communauté scientifique pluridisciplinaire consacrée au BIM est l'objectif d'EduBIM.

- Deuxième communauté : regrouper la recherche industrielle et faire progresser les questions telles qu'elles se posent aux entreprises, est une deuxième exigence. Réfléchir aux processus métier, savoir décrypter les problèmes qui se posent avec la nouvelle technologie, les ordonner et les hiérarchiser, les formuler en termes généraux, nécessite une élaboration collective. C'est l'objectif que s'est fixé le projet MINnD et qu'il atteint avec succès depuis plusieurs années.

Cette deuxième communauté doit aussi agir à un autre niveau. Après avoir donné une expression et animé la recherche industrielle, il faut aboutir sur la pré-normalisation et peser sur la normalisation internationale. Il faut s'organiser pour participer aux démarches internationales de normalisation qui sont un enjeu. À l'apprentissage qui passe des équipes au projet et du projet à l'organisation, il faudrait ajouter une étape supplémentaire, celle de l'apprentissage de la filière. La normalisation encapsule une certaine modélisation des process et des savoir-faire, qui deviennent des acquis pour tous et permettent ensuite aux entreprises de coopérer dans les projets.

Dans ce paysage, alimenté conceptuellement par des communautés de pairs académiques ou industrielles, concrètement comment les entreprises collaborent-elles directement avec les universitaires ? Souvent, pour s'attaquer à un type de problème nouveau, les ingénieurs ont le réflexe de « prendre » un stagiaire ou un thésard Cifre. C'est un point classique de rencontre industriel/académique. Or, souvent, la rencontre n'a pas lieu. Accueillir un stagiaire ou un thésard, c'est avant tout collaborer avec un labo solide ou une équipe enseignante, qui peut avoir un apport pour le problème qu'on se propose de traiter.

Côté technologie ou cœur de métier : génie civil ou génie urbain, par exemple, les précautions élémentaires doivent être observées. Le thésard doit avoir un appui solide du côté universitaire. On voit trop souvent, un stagiaire ou un thésard, chargé d'explorer des voies nouvelles, avec un encadrement aussi bien du côté entreprise que du côté universitaire, assez démuni lui-même. Le stagiaire est envoyé en quelque sorte en pionnier isolé, chargé de défricher un champ totalement neuf, à la fois pour l'entreprise, mais aussi du côté de ses encadrants enseignants ; le corpus théorique convoqué, n'étant pas forcément celui de l'enseignant auquel on s'est adressé. Cela peut difficilement être productif, il faut de l'accompagnement métier, pour aider le jeune professionnel qui explore. Le stagiaire ou thésard est par définition, un débutant. On ne peut pas lui demander de résoudre tout seul un problème devant lequel les professionnels sont démunis. Inversement, une collaboration effective entre un encadrement universitaire et un encadrement industriel s'avère souvent être très productive, dès que la rencontre a lieu ; cela permet d'éviter les fausses bonnes pistes qui se révèlent être des voies sans issues et de dépenser beaucoup d'énergie pour des résultats très faibles.

Le problème de l'encadrement universitaire des étudiants est beaucoup moins marqué côté sciences humaines, la mutation technologique ne remet pas en cause leurs méthodes ; la discipline elle-même, n'est pas bouleversée par la mutation technologique en cours. Les étudiants étant bien encadrés du côté universitaire, encore faut-il que la rencontre entre les enseignants et les industriels ait lieu. La difficulté est ici, les sciences de gestion mises à part, la non habitude de la collaboration et une certaine difficulté à vaincre ce manque de reconnaissance mutuelle de l'entreprise et des SHS. Le fait technique devrait être central pour les SHS, or elles délaissent le cœur des entreprises et notamment des industries. Une mutation technologique comme le BIM est une occasion de reprendre le dialogue à la fois avec la techno et avec les entreprises. Au cœur des choix techniques et organisationnels qui sont faits par les entreprises, il y a de la place pour une formulation et des éléments de réponse SHS. De leur côté, les entreprises, lieux de rencontre, doivent continuer à s'ouvrir et à formuler certains problèmes en sujets de sciences humaines et sociales et s'en saisir pour élaborer une réflexion sur leurs propres processus et mutations.

En conclusion, les SHS ne doivent pas être convoquées uniquement pour aménager de l'acceptabilité ou de l'optimisation d'usage. La non instrumentalisation est nécessaire dans les deux sens. La vision globale des entreprises doit intégrer la technologie et les apports des SHS. Il s'agit de penser ensemble la technique, ses mutations, le projet humain, ce qu'on veut faire ensemble.

Régine Teulier
Chercheur associé CRG/UMR 9217

Préface

Le BIM ou le paradoxe français

En mars 2019, avec plus de 500 participants, le sommet technique de buildingSMART International est vraisemblablement le sommet comptant le plus grand nombre de participants depuis l'origine de bSI à la fin des années quatre-vingt-dix. Aucune présentation, aucun des keynotes speaker, comme lors des précédents sommets, n'a été le produit de l'université française, à la différence d'autres pays comme l'Allemagne, les Pays-Bas ou le Royaume-Uni. Par contre, dans la présentation du plus important des fournisseurs d'applications, était mentionnée la participation au projet MINnD. Les travaux récents sur la révolution numérique, menés dans le cadre du forum de Davos ou par l'AIF[1] pour les comités stratégiques de filières[2] montrent la méconnaissance globale de ces institutions sur les efforts et la capacité de la filière construction à reprendre à son compte les grands sujets du numérique, de la modélisation et de l'industrie 4.0.

L'industrie de la construction n'est pas identifiée comme un acteur majeur des infrastructures connectées, ni sur les sujets de l'ingénierie système. L'industrie de la construction n'est pas identifiée comme pouvant porter des sujets essentiels sur l'interopérabilité comme la sémantique dans les modèles de données. Or, tous ces sujets sont abordés dans MINnD et les publications présentées dans cet ouvrage montrent la possibilité pour les chercheurs de produire un travail attendu par les acteurs de la construction.

Les travaux de MINnD (à la suite du projet ANR « Communic ») ont été décisifs pour que naisse un BIM dans les infrastructures, en France et à l'international. Le développement des IFC 5, dans le cadre de BuildingSMART international prend son origine dans la création de l'*infrastructure room*, dont MINnD a été à l'initiative en 2012. L'extension du BIM au champ des infrastructures a été prémonitoire d'une extension du domaine de la modélisation pour répondre aux besoins de l'industrie 4.0, de l'Internet des objets et des objets connectés. Il ne s'agit plus de représenter des modèles 3D, mais de porter de la sémantique interopérable pour assurer la connectivité et des services avec de la réelle valeur ajoutée. Des enjeux non moins décisifs que ceux des protocoles IP ou de l'interopérabilité des SMS ou texto.

Le rapprochement des industriels avec les académiques (les différents laboratoires de recherche) dans le projet MINnD, répond à une nécessité : l'appropriation de la « science de

---

1   AIF : alliance industrie du futur.

2   Les comités stratégiques de filière (CSF), correspondant chacun à une filière stratégique de l'industrie française et dépendant du ministère de l'Économie et des Finances et du Conseil national de l'industrie.

la connaissance » par tous les acteurs ne peut passer que par des sujets portés par la recherche dans les laboratoires. La modélisation de la sémantique et la description d'ontologies ont une portée pratique immédiate : expérimenter les différents types de modélisation, pour valider les efforts à faire pour les uns ou les autres : les approches « linked data » et « web semantic » permettent, vraisemblablement, de proposer des solutions à des problèmes non résolus dans les modèles conceptuels. Travaux essentiels, puisqu'ils ouvrent un champ applicatif primordial sur la continuité numérique et le management de la sémantique. Mais il n'empêche pas de penser que l'on pourrait aller plus loin sur les modélisations actuelles et sur les outils liés à l'utilisation des modèles tels que les MVD. De là peuvent naître d'autres travaux sur l'efficacité des modèles combinés aux apports de ces approches nouvelles, incluant possiblement l'intelligence artificielle.

Il faut par ailleurs noter qu'un lien doit être noué avec l'approche issue de l'ingénierie des systèmes qui apportent des idées fondamentales : le concept des trois visions « opérationnelle », « fonctionnelle » et « organique » sont un apport essentiel à introduire dans les modèles conceptuels du BIM, si l'on veut pouvoir traiter du jumeau numérique durant tout le cycle des ouvrages. Dès lors, on comprend mieux ce qui peut manquer dans l'extraction des modèles (les MVD) et ce qui est comblé par le « linked data ». Mais on pourrait également comprendre que celui-ci nous indique ce qu'il faut introduire dans la décomposition « fonctionnelle » des IFC pour combler « durablement[1] » une partie des espaces non couverts.

À l'opposé, l'approche BIM de la construction exige qu'une dimension soit ajoutée aux trois visions originelles de l'ingénierie système : la décomposition spatiale. Elle montre en quoi le secteur de la construction porte une dimension supplémentaire par rapport à tous les autres secteurs industriels et, du coup, une « complexité[2] » plus grande : l'organisation spatiale peut découler de l'humain ou pas. Et se pose donc la question : est-ce que l'organisation sociale ou l'organisation environnementale se définissent comme des systèmes ? Vraisemblablement oui, pour porter des exigences (telles que « les engagements de l'État » pour la partie environnementale), mais vraisemblablement non, pour sa décomposition organique.

Le BIM s'inscrit dans un contexte contractuel très fort. En France, la loi MOP structure, au-delà même de la maîtrise d'ouvrage publique, l'organisation du contrat et du processus. En dehors de la France, dans les projets financés, par exemple par la Banque Mondiale, les contrats « FIDIC » structurent une autre répartition des missions, des responsabilités et des tâches entre les acteurs. Or, dans tous les cas, le BIM, comme processus numérique, amène à redéfinir la relation collaborative, même si les responsabilités dans l'art de construire ne changent pas. La recherche, par tous les acteurs, de gain de productivité par la continuité des processus numériques oblige à mettre en place des marqueurs, des signatures qui permettent de tracer les responsabilités anciennes et nouvelles. Les travaux en cours dans MINnD, intégrant la nouvelle norme ISO 19650, vont nous montrer que les apports de l'ingénierie système peuvent aider à clarifier ces sujets.

Au sein de l'AFNET, dans le cadre des travaux des comités stratégiques de filière, il apparaît que le rapprochement des industriels de la construction peut se faire avec les autres industries sur des sujets qui, s'ils ne sont pas « fondamentaux[3] », n'en sont pas moins essentiels, voire

---

1 « Durablement » est à comprendre au sens pérenne tout le long du cycle de vie de l'ouvrage.
2 « Complexité » est à prendre au sens de l'ingénierie système qui le définit par le nombre d'interfaces à prendre en compte.
3 Au sens recherche fondamentale.

primordiaux, sur les fondations de l'ingénierie des systèmes, sur la gestion du cycle de vie, sur l'analyse et la place de la sémantique.

Alors oui, il y a un paradoxe français. Les travaux menés dans MINnD, tout comme dans les différentes organisations telles que BuildingSMART France ou l'AFNOR, les réalisations sur les chantiers, démontrent une évolution sans précédent de l'écosystème de la construction vers la continuité numérique. Contrairement à ce que nous expliquent les études de Mc Kinsey[1] sur le sujet. Dans de nombreux pays, on s'interroge sur le paradoxe français : pourquoi l'absence de politique règlementaire sur la mise en œuvre du BIM n'empêche pas la vivacité de l'industrie et de ses réalisations. En 2017, l'enquête menée pour le compte de Syntec Ingéniérie[2] remarquait que la France, dès 2016, était le pays qui portait le plus le BIM dans ses appels d'offres de type européen. En 2019, la France était le seul pays au monde avec la Chine à porter un projet de normalisation (IFC Rail) dans lequel on retrouvait l'ensemble de la filière au côté du gestionnaire d'infrastructure. Le paradoxe français est donc double : une industrie qui tire ses donneurs d'ordre public à généraliser un processus de continuité numérique dans sa commande tout le long du cycle de vie, y compris dans l'instruction de ces procédures, mais aussi une industrie qui, au travers de MINnD et d'EduBIM se tourne vers le monde universitaire et académique pour qu'il produise et publie sur des sujets fondamentaux, comme les sciences de la connaissance. La continuité numérique, la gestion du cycle de vie dans la construction qui devient une actualité au travers de l'asset management, relèvent bien de la science. L'industrie comprend bien comment avec EduBIM, il est possible de construire des relations durables avec les académiques, par des sujets de thèses et la mise en place de CIFRE ou par l'utilisation d'IRT[3] comme Railenium pour pérenniser et valoriser ces relations.

MINnD, au travers d'EduBIM et de la publication de ce nouvel ouvrage, le revendique et remercie tous les auteurs et les laboratoires universitaires de répondre à cette exigence que nous voulons porter ensemble. Le démarrage de la saison 2 de MINnD illustre la volonté d'inscrire cet effort dans la continuité et le temps pour répondre au défi imposé à l'industrie : comment gagner sa place pour garder le contrôle des processus et les procédés numériques afin qu'ils soient supportables[4] dans la société de demain. Une industrie de la construction 4.0, compatible avec une trajectoire bas carbone.

Christophe Castaing
EGIS, directeur du programme ingénierie numérique
Co-directeur du projet national MINnD
Vice-président de buildingSMART France
Technical leader de l'infrastructure Room et Management Executive
de BuildingSMART International

---

1   Rapport « Imagining construction's digital future ».
2   Étude sur l'évolution de l'ingéniérie française de la construction liée au BIM (OPIIEC) 2016.
3   Institut de recherche Technologique
4   Supportables au sens sociétal du terme. Il est raisonnable de penser que la transition énergétique va bouleverser l'offre numérique et l'obliger à se définir économe et raisonnée.

Remerciements des coordinateurs

Cet ouvrage, représentatif de la recherche sur le BIM en France en 2019, n'aurait pas pu voir le jour sans toute une chaîne de collaborations, d'expertises et de volonté de coopération.

Que soient donc remerciés ici, le comité de programme du workshop recherche d'EduBIM, qui se réunit au fil de l'année et gère le processus de recherche et de sélection des participations. La conférence EduBIM, plus largement, qui est le cadre indispensable du workshop.

Les reviewers, souvent membres du comité de programme, mais aussi contributeurs sollicités pour des thématiques spécifiques abordées par les chapitres. Ils travaillent sous contrainte de temps et le cahier des charges d'EduBIM est exigeant : nous demandons, une aide très personnalisée pour faire progresser les articles.

Les auteurs, qui se plient au jeu de l'amélioration de leur article, de façon plus approfondie que pour une simple conférence. Qui acceptent de soumettre leurs travaux dans cette rencontre pluridisciplinaire et en dialogue avec les industriels, sortant alors de l'exercice académique habituel.

Le projet MINnD, à l'origine d'EduBIM, en est le soutien indéfectible et actif, non seulement financier mais surtout à travers ses contributions de chapitres. La collaboration de recherche industrielle, recherche académique trouve dans cet ouvrage une expression aboutie qui peut aider à la progression des connaissances de tous. L'IREX accompagne la mise en œuvre des décisions de MINnD avec constance et efficacité.

Syntec ingénierie, à l'aide du FAFIEC, renouvelle chaque année sa confiance et contribue avec MINnD à la publication de cet ouvrage.

L'ENS Cachan et l'équipe organisatrice d'EduBIM, lieu de rencontre, de discussion et d'échange, donne tout son sens à cet ouvrage comme support de ces discussions. Les organisateurs des journées enseignantes qui contribuent, en liant recherche et enseignement, à ce débat général sur la production des connaissances nécessaire en BIM.

Enfin les équipes de Eyrolles qui suivent la publication de l'ouvrage et avec qui, il est facile et agréable de travailler, en particulier Marc Jammet et Maria Ceglia.

Les coordinateurs
Charles-Édouard Tolmer, président du workshop
Régine Teulier

Introduction

Le BIM pour les projets d'infrastructure se fait toujours plus visible. Les problématiques par rapport au « BIM bâtiment » sont, pour certaines, fondamentalement différentes. La question n'est évidemment pas de définir pour quel type d'ouvrage le BIM est le plus complexe à déployer. Mais il s'agit bien d'approches différentes. Pour preuve, la normalisation européenne (CEN TC442) vient de créer un groupe spécifique pour le BIM des infrastructures (WG6). Ce dernier doit identifier les approches définies pour le BIM bâtiment qui ne peuvent être appliquées telles quelles aux infrastructures. Comme évoqué dans la préface, les spécificités de la gestion de l'information pour les projets d'infrastructure viennent également de la consommation de données géospatiales, qui modélisent l'environnement existant, ainsi que de la restitution de certaines données du projet, dans des structurations et des sémantiques différentes de celles du projet. Certains concepts sont également utilisés de différentes manières comme le très connu mais mal compris « niveau de détail ». Ce sujet aurait pourtant intérêt à ce que les approches convergent, d'où le travail actuel de normalisation également sur ce concept.

Bien au-delà de la seule modélisation 3D visuelle, la recherche adresse des sujets complexes comme l'interopérabilité des échanges ou l'optimisation de l'utilisation de données pour satisfaire les exigences qu'elles soient organiques ou fonctionnelles. Ainsi, le secteur de la construction, que ce soit côté recherche académique ou côté industrie, se doit de s'ouvrir aux méthodes éprouvées d'autres secteurs. Pour cela, apparait de plus en plus la nécessité d'une étroite collaboration entre industrie et recherche pour se renforcer mutuellement et ainsi tirer le meilleur de ces méthodes en les adaptant au contexte des projets de construction. Certains des articles de ce livre montrent explicitement cette imbrication recherche académique et industrielle. La culture du secteur de la construction doit évoluer dans le sens des changements actuels de la société : collaborer, communiquer, partager mais également normaliser et formaliser sont des objectifs à poursuivre et des compétences à développer. Comme le montre plus ou moins fortement chaque partie de ce livre, le secteur de la construction a démarré cette mutation. Il reste maintenant à l'intégrer pleinement dans nos nombreux travaux autour du BIM et de la gestion du numérique pour la construction.

Cet ouvrage n'a pas prétention à être exhaustif dans les thématiques de recherche pour développer le BIM. Certains sujets ne sont pas abordés, comme la gestion des actifs, qu'ils soient physiques ou numériques, ou les interfaces entre les changements d'architecture numérique pour la gestion des données et les transformations sociales dans la gestion de projet, et le management d'équipes. Ces thématiques, ainsi que celles évoquées largement dans la préface, seront nous l'espérons, de plus en plus traitées par la recherche académique.

Cette partie de Sattler *et al.* vient introduire cette première moitié de l'ouvrage qui questionne et améliore nos pratiques d'échange de données par une meilleure interopérabilité. En effet, Sattler *et al.* fournissent une étude bibliographique conséquente (plus de 80 références) afin d'analyser les tendances méthodologiques et technologiques d'amélioration de l'interopérabilité. L'étude aborde trois cadres analytiques dont deux sont détaillés ici. Ce travail apporte également des propositions de méthodes à considérer pour traiter le manque d'interopérabilité dans un contexte BIM comme la conservation de liens paramétriques ou le requêtage de données ou extraction partielle que l'on peut appeler Model View Definition (MVD). Cette partie présente donc des pistes de recherche pour les années à venir.

Après avoir posé le contexte tant conceptuel que normatif (démarche nécessaire pour l'interopérabilité comme l'a évoqué C. Castaing dans sa préface), Hbeich *et al.* initient une réflexion sur l'interopérabilité sémantique en questionnant directement les modèles conceptuels de données. De cette approche conceptuelle de l'interopérabilité lors de l'intégration de données géospatiales dans les données CAO du projet, les auteurs passent à l'emploi du *linked data* dont la pertinence pour l'utilisation conjointe et cohérente de données CAO et SIG, pour modéliser le milieu urbain ou le territoire, a de nombreuses fois été démontrée. Ce travail permet d'expliciter certaines normes pour l'interopérabilité qui ne sont malheureusement pas bien connues du secteur de la construction.

Toujours dans la vaste problématique de l'interopérabilité des données, Ana Roxin nous fournit une analyse détaillée de plusieurs vocabulaires de données liées issus des technologies du Web sémantique et des principes des données liées. Ce travail poussé sur ces technologies fournit un éclairage précis mais abordable pour orienter les choix sur les technologies les plus adaptées selon les contextes. Ces compétences deviennent de plus en plus nécessaires tant à la recherche pour développer et optimiser ces technologies qu'à l'industrie pour garantir l'interopérabilité des données dans des échanges de plus en plus complexes.

Fahad et Bus proposent une approche de traitement de données au format IFC pour optimiser la vérification de conformité règlementaire des modèles. Ces données traitées sont confrontées à la transcription formelle des règles de conformité, qui sont appelées exigences dans d'autres contextes. Cette approche doit permettre à terme de contrôler automatiquement et de manière optimisée que les objets conçus et construits répondent bien aux exigences du projet et ce, qu'elles portent directement sur des propriétés d'objets géométriques ou sur les performances des systèmes mis en place et livrés.

Cette partie de Benning *et al.* sort de l'approche technologique de la gestion de données mais aborde la technicité du droit de la propriété intellectuelle. Bien que les questions juridiques et de propriétés intellectuelles dans un contexte BIM commencent à être considérées depuis plusieurs années, elles sont trop peu abouties et doivent être traitées en commun entre les juristes et les techniciens du projet. Cet article vient questionner les pratiques rédigées dans les conventions BIM, dans lesquelles les acteurs du projet s'engagent sans vraiment connaître leurs droits sur leur production de modèles, bibliothèques d'objets ou développements logiciels par exemple, et surtout, sur le risque attaché à ces droits. Benning *et al.* apportent donc un questionnement précis sur ces sujets pour améliorer les pratiques contractuelles et juridiques du numérique dans un contexte BIM et avancent des propositions utiles pour les spécialistes du droit.

Ziv évoque en introduction une idée fortement relayée aujourd'hui mais également discutée : « Le domaine de la construction souffre d'un manque de productivité, d'un non-respect des coûts et des délais, d'un manque de qualité » mais également d'une « complexité des projets grandissante ». Ces deux constats obligent le secteur de la construction à se remettre en cause et à chercher des méthodologies d'autres industries qui répondent à ces deux sujets. Dans ce contexte, Ziv considère notamment l'Ingénierie système comme méthode pour le respect des exigences et pour une certaine maîtrise de la complexité. Cet article en propose une adaptation pour la considération des spécificités des projets d'infrastructures qui adresse fortement la composante spatiale et territoriale du contexte de ces infrastructures. Cette proposition s'appuie sur un cas d'application (projet de métro à Lyon) et discute des impacts sur la structuration de l'information des projets.

L'intérêt de l'article de Cristia *et al.* est d'exposer un point de vue d'architecte, avec une perspective très large. La thèse qu'ils défendent est le projet de construction aboutissant à deux produits très différents : un objet physique et une maquette numérique. On peut considérer qu'il est constitué de deux projets, l'un de construction, l'autre dit projet numérique, qui se superposent. Les auteurs examinent les conséquences pour le métier d'architecte, de BIM manager et pour les processus de coordination pendant la phase d'exécution.

Charles-Édouard Tolmer
Eurovia, en charge des développements BIM
MINnD, pilote du groupe IFC Road

CHAPITRE 1

Les maquettes numériques rêvent-elles d'intégration ?

Perspectives et paradoxes autour de la collaboration et de l'interopérabilité BIM

Léa Sattler[1], Samir Lamouri[2], Robert Pellerin[3], Dominique Deneux[4], Thomas Maigne[5]

[1] LAMIH, Arts et Métiers ParisTech, Paris France, PHD Student

[2] LAMIH, Arts et Métiers ParisTech, Paris France

[3] Polytechnique Montréal

[4] LAMIH, Univ. Polytechnique Hauts-de-France

[5] Treegram (www.tregram.fr)

e-mails : lea.sattler@ensam.eu, samir.lamouri@ensam.eu, robert.pellerin@polymtl.ca, dominique.deneux@univ-valenciennes.fr

Abstract

BIM interoperability has been recognized as a strong brake to BIM collaboration and is a very active research field. This paper systematically reviews 80 applicative articles about BIM collaboration and interoperability published between 2013 and 2018, in order to analyze the different trends and to create an understandable map of the subject for researchers. The subject is analyzed through two analytical frameworks: [1] the collaborative expectations for BIM interoperability, and [2] BIM collaboration and interoperability suggested solutions. The main findings of this paper are three research gaps [1] inter-models' parameterization and associativity [2] dynamic interoperability, and [3] BIM data easy queries and extraction.

Keywords

BIM, interoperability, collaboration, parameterization, queries, automation, integration

Résumé

L'interopérabilité BIM est reconnue comme un frein important à la collaboration BIM et constitue un domaine de recherche très actif. Cet article passe systématiquement en revue 80 articles applicatifs sur la collaboration et l'interopérabilité BIM publiés entre 2013 et 2018, afin d'analyser les différentes tendances et de créer une cartographie du sujet pour de futurs chercheurs. Le sujet est analysé à travers deux cadres analytiques :

1. les attentes collaboratives en matière d'interopérabilité BIM ;
2. les solutions d'interopérabilité proposées.

Cet article révèle trois lacunes en matière de recherche :

1. la paramétrisation et l'associativité inter-modèles ;
2. l'interopérabilité dynamique ;
3. les requêtes intuitives et l'extraction facilitée des données BIM.

Mots-clefs

BIM, interoperabilité, collaboration, paramétrisation, requêtes, automation, intégration

Introduction

Le BIM (Building Information Modeling) vise à améliorer la fiabilité des flux de données dans l'industrie du bâtiment – l'étape ultime étant le déploiement de processus intégrés. Or, en comparaison aux industries comme celles de l'automobile ou l'aérospatiale, l'intégration en est encore à ses balbutiements dans le BTP. La nature fragmentée de cette industrie, composée d'une grande majorité de PME et TPE [1] expliquerait ce retard, sans parler de la difficulté à conduire le changement dans une succession de prototype [2]. Néanmoins, si la mutualisation des données du projet via une maquette BIM est une première étape vers un processus d'intégration, une deuxième étape serait l'interconnexion harmonieuse de différents modèles métiers. Cela impliquerait pour plusieurs modèles BIM liés à différents métiers de fonctionner collectivement : en d'autres termes, d'interopérer.

Selon un rapport édité en 2012 [3], « une meilleure interopérabilité » est identifiée comme le deuxième besoin le plus important dans le domaine BIM. Dans ce même rapport, 79 % des utilisateurs BIM identifient une « meilleure interopérabilité entre les logiciels » comme un facteur clé pour augmenter les bénéfices du BIM. Le manque d'interopérabilité est également suspecté de créer une « charge économique » [4], son coût ayant été estimé à 15,8 milliards de dollars en 2004 par le National Institute of Standards and Technologies (NIST) des États-Unis [5], alors qu'il ne coûterait en comparaison que 1 milliard de dollars à l'industrie automobile [6]. Logiquement, l'interopérabilité a été identifiée comme un sujet de recherche très prisé par [7], avec le plus grand nombre d'articles publiés dans le domaine BIM entre 2005 et 2015. Le manque d'interopérabilité BIM est reconnu comme un obstacle depuis plus de 15 ans.

Ce frein à l'interopérabilité s'explique par :

1. l'hétérogénéité des données BIM : la maquette BIM d'un projet est constituée de plusieurs modèles BIM métier, qui contiennent des données variées en termes de sémantique, structuration, logique de modélisation, granularité, formats ;

2. l'hétérogénéité des pratiques BIM : il existe des niveaux très différents d'adoption BIM, de connaissances, compétences, méthodes, et applications logicielles BIM.

Cependant, l'interopérabilité BIM est adressée par :

1. un format d'échange neutre, l'IFC (Industry Classes Foundation, ISO 16739), maintenu par buildingSmart International. Créé en 1997, c'est le standard digital de facto dans le bâtiment. Cependant, la diversité des métiers du BTP implique un grand nombre de concepts IFC (environ 800, l'un des plus grands modèles de données EXPRESS [8]), et cette richesse crée de la redondance. En effet, il existe différentes façons de décrire une information dans le schéma IFC, ce qui peut entraîner ambiguïtés et pertes de données lors de l'échange ;

2. des plates-formes BIM collaboratives, permettant aux utilisateurs du projet de partager des modèles BIM sur le web. Outre les fonctionnalités de stockage et de visionneuse 3D BIM, ces plates-formes proposent aussi des fonctionnalités telles que la révision des fichiers, l'annotation des modèles et la gestion des droits d'accès pour différents membres d'un projet en fonction de leur rôle et statut. Malheureusement, ces plates-formes ne sont généralement pas en accès libre et utilisent des formats propriétaires. Originellement censées soutenir une démarche intégrative et ouverte, elles contribuent paradoxalement à imposer un monopole logiciel [9].

La collaboration BIM est limitée par le manque d'interopérabilité BIM : si un acteur BIM ne peut pas importer ou exporter des informations fiables d'un modèle BIM, il ne peut pas, par définition, utiliser celui-ci pour collaborer. Cet article vise à examiner comment la question de l'interopérabilité BIM, dans un contexte collaboratif, est traitée dans la littérature : comment les acteurs collaborent-ils aujourd'hui à travers des maquettes BIM ? Comment s'échangent-ils des données BIM ? Quels problèmes d'interopérabilité rencontrent-ils ? Comment résolvent-ils ces problèmes ?

L'interopérabilité BIM est un sujet abordé par certains états de l'art du BIM. Certains se concentrent sur l'interopérabilité BIM pour un métier spécifique : [10] porte sur les échanges autour de modèles de béton préfabriqué, tandis que [11] passe en revue le sujet du BIM et de la construction durable, et termine en soulignant la nécessité d'aborder les questions d'interopérabilité entre le BIM et les outils de simulation énergétique. D'autres revues portent sur des vecteurs d'interopérabilité particuliers : [12] s'interroge sur les relations entre la recherche et la normalisation BIM via l'IFC, et [13] passe en revue la question technologies du web sémantique dans le BIM.

Certains papiers ont une approche plus holistique de la question. [14] a passé en revue les diverses mises en œuvre d'une collaboration BIM pour les grands projets. Il est révélé que celle-ci n'est presque jamais réalisée de manière intégrée — au mieux, l'intégration reste partielle, limitée à une phase ou à un thème spécifique. Le présent état de l'art prend la suite de cet article, rédigé en 2013. Par ailleurs, [7] a fourni une analyse bibliométrique des articles de recherche sur le BIM publiés entre 2005 et 2015. La section *Collaborative environment and Interoperability* montre un intérêt croissant pour ce sujet, et est divisé en 4 sous-catégories : *Interoperability & IFC, Semantic BIM & Ontology, Collaborative environment, Knowledge & Information management*. Le présent état de l'art peut être considéré comme une exploration de cette partie de l'article.

1.   Méthodologie de constitution du corpus

Afin d'étudier le lien entre l'interopérabilité et la collaboration en BIM, le sujet a été circonscrit par deux listes de mots-clés : la première est relative à l'interopérabilité sur le plan technique – vv*conversion, IFC, MVD (model view definition)* – et la seconde sur le plan collaboratif – *exchange, share, cooperation, coordination, framework, collaboration, integration*. L'étude se limite aux six dernières années, depuis 2013 – date de l'apparition des premières plates-formes BIM, et point de départ selon nous d'un certain mythe autour de la collaboration BIM. La recherche a été réalisée sur la base de données Scopus, et d'autres filtres ont été ajoutés, comme le domaine (Computer science, Engineering), le type de papiers (articles et états de l'art), et le langage (anglais). La Figure 1 résume le processus de constitution du corpus.

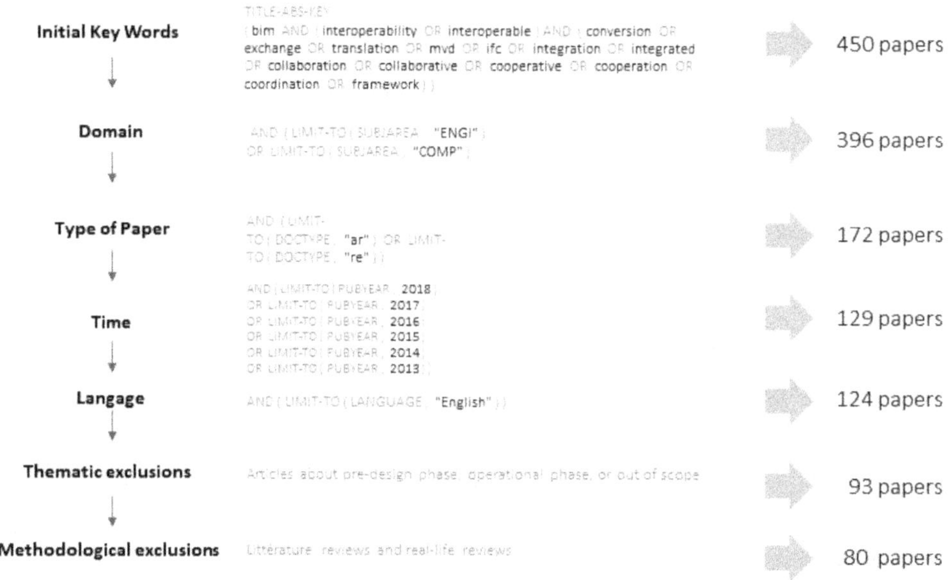

Figure 1. Méthodologie de constitution du corpus – Base de données Scopus Database, janvier 2019
(TREEGRAM © Tous droits réservés 2018)

Cette recherche a donné une sélection de 124 articles, dont 31 ont été exclus pour deux raisons principales (Tableau 1) :

1. l'article est hors-sujet ;

2. l'article aborde la question de l'interopérabilité et de la collaboration aux extrémités de l'industrie du BTP, comme en amont de la phase de conception avec le sujet BIM & SIG (Systèmes d'Information Géographique), et à la toute fin de la construction, avec la phase opérationnelle, à l'exception des cas de rénovation, incluant le HBIM *(Historical BIM)*. Ceci a été fait à dessein, l'objectif étant d'étudier comment les acteurs collaborent en BIM au sein de l'industrie du BTP, c'est-à-dire pendant les phases de conception et de construction.

Sur les 93 articles sélectionnés, seuls les articles applicatifs (proposant une solution pratique) ont été retenus (Tableau 2). La Figure 2 montre l'augmentation des publications sur l'interopérabilité et la collaboration BIM entre 2013 et 2018.

Tableau 1. Exclusions

CAUSE OF EXCLUSION	Number
About BIM and GIS	10
About operational phase	17
Not focused enough on AEC	2
Not focused enough on interoperability	2
Total général	31

Tableau 2. Type of article

TYPE OF ARTICLE	Number
Article	**80**
Framework	8
Framework + Application	68
Tools survey	4
Review	**13**
BIM Body of knowledge (BOK)	2
Literature review	6
Real-life review	5
Total	**93**

Certaines catégories ont été établies selon deux cadres analytiques ; en règle générale, ces catégories s'excluent mutuellement, mais lorsqu'un article peut être affecté à plusieurs catégories, un choix est fait et les catégories les plus saillantes sont attribuées. Les deux sections suivantes détaillent ces catégorisations.

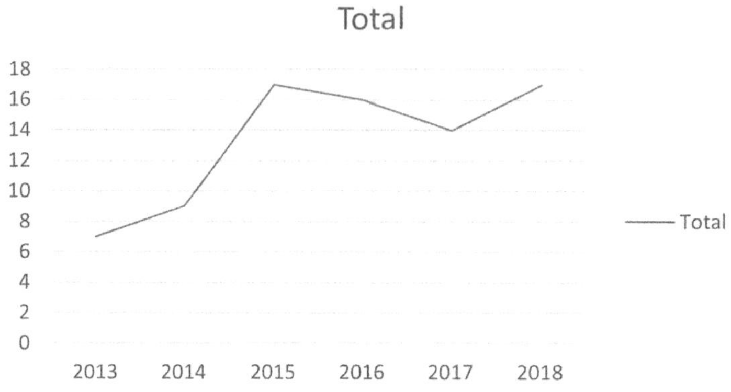

Figure 2. Évolution dans le temps du nombre de publications

2. Attentes collaboratives autour de l'interopérabilité BIM

Cette sous-section analyse les articles du corpus à travers le prisme suivant : qu'est-il attendu, en termes collaboratifs, d'un échange de données BIM ? Quelles opérations collaboratives justifient un recours à l'interopérabilité ? Quel type d'action de collaboration sur les données BIM requiert l'amélioration des processus d'interopérabilité ? Comme indiqué dans le Tableau 3, sept grandes catégories de besoins collaboratifs ont été mises en place, de l'échange le plus basique (conversion) au plus complexe (approche intégrative) : convertir, réutiliser, vérifier, récupérer, relier, combiner des données et combiner des plates-formes de données.

Tableau 3. Catégorisation des articles selon le besoin d'interopérabilité

INTEROPERABILITY AIM	Number	%
A. Convert Data	7	9 %
B. Re-use Data	9	11 %
C. Check Data	8	10 %
D. Retrieve Data	4	5 %
E. Link Data	25	31 %
F. Combine Data	21	26 %
G. Combine Data hubs	6	8 %
Total	**80**	**100 %**

2.1. Accéder à la donnée – l'angle du format

Dans cette 1re catégorie, les acteurs doivent accéder à un ensemble de données BIM, et l'ouvrir dans un format auquel ils ont accès – généralement un format ouvert. Le verrou industriel est le transfert syntactique d'un ensemble de données d'un format à un autre. L'accent est mis sur le format, et presque exclusivement sur l'IFC. Ces articles traitent de sujets tels que la sérialisation des données IFC pour le format web [15], la compression des fichiers IFC [16], la fiabilité IFC pour la modélisation structurelle [17] et l'amélioration de l'interopérabilité technique [2]. Trois articles [10] [18] [19] portent sur l'amélioration de la robustesse et de la fiabilité des MVD. Selon BuildingSmart, un MVD (définition de vue modèle) « définit un sous-ensemble du schéma IFC, qui est nécessaire pour satisfaire un ou plusieurs besoins d'échange ». Une MVD peut être neutre (comme la vue *IFC Coordination*, appréhendable par tous les acteurs du BTP) ou spécifique à un métier (comme la vue *IFC Structural Analysis*, ciblant le domaine structurel). Avec les MVD en général, le format IFC aborde de manière inhérente la question de la *visée* d'un échange de données BIM dans le bâtiment ; avec les MVD-métier, c'est la question des échanges inter-métiers qui est abordée.

2.2.   Réutiliser les données et éviter leur ressaisie

Dans cette 2ᵉ sous-catégorie, l'idée est de réduire et même d'empêcher la ressaisie de données BIM entre les intervenants – de promouvoir l'utilisation plutôt que la recréation de donnés. Le premier challenge est l'utilisation effective des modèles BIM, modèles métiers inclus, pour la collaboration autour du projet. Dans [20] est soulevée la question du renforcement de l'utilisation d'un modèle structurel dans le processus de collaboration BIM. Dans [21], la question est posée de savoir quels éléments d'un modèle BIM sont plus susceptibles d'être des vecteurs de collaboration.

Le deuxième challenge consiste à déterminer comment un ensemble de données peut être transformé d'une sémantique métier à une autre. Huit articles [4, 22-26] abordent la question de la transformation d'un modèle BIM *générique*, c'est-à-dire non spécifique à un métier, en un modèle BIM *spécifique*, relatif à un métier, ayant généralement un LOD plus élevé. À propos de cette distinction entre modèle *générique* et *spécifique* que nous introduisons ici, il est à noter que dans la plupart de ces articles, les termes *modèle BIM* ou *maquette BIM* renvoient dans les faits à un *modèle de coordination BIM*, ou *modèle architectural BIM*. Par défaut, le terme *modèle BIM* désigne donc le modèle *BIM original*, que nous appelons ici modèle BIM *générique*, c'est-à-dire le modèle BIM réalisé par l'équipe de concepteurs en phase de conception, ou le modèle de coordination sur lequel chaque métier base ses modèles spécifiques en phase de construction. Ce point sémantique suggère que :

1. un *modèle BIM*, par défaut, n'est pas spécifique à un métier - ce qui peut être discuté ;

2. un modèle BIM, dans son essence, est conçu pour être compris par tous les métiers, comme une base collaborative.

Au-delà des traductions métiers, le challenge est abordé d'un point de vue plus générique et systémique dans [27], à travers la question de l'enrichissement sémantique : comment un ensemble de données d'un métier n° 1 peut-il être sémantiquement enrichi selon la sémantique d'un métier n° 2 ? Comment l'information contenue dans un modèle peut-elle être utilisée pour déduire de nouveaux ensembles d'informations ? Comment révéler une information qui n'est présente qu'à un niveau *latent* dans un modèle ? Cette attente correspond à la nécessité d'éviter la ressaisie itérative de données entre acteurs BIM : l'acteur n° 1 envoie un modèle BIM à l'acteur n° 2, qui doit enrichir manuellement le modèle avec des connaissances spécifiques à son métier, ce qui est chronophage, sujet aux erreurs et sujet à une itération dans la phase de projet suivante. De tels processus d'enrichissement sémantique pourraient réduire considérablement le nombre de reprises dans l'industrie de l'AEC.

2.3.   Vérifier et valider les données

Dans cette 3ᵉ catégorie, les acteurs doivent valider un ensemble de données BIM. Deux types de contrôles sont impliqués : un contrôle de la structure des données et un contrôle du contenu. Dans le premier cas, il s'agit de détecter des éléments IFC mal classifiés [28], de passer en revue des outils logiciels de vérification de MVD [29], de vérifier un fichier IFC au vu de sa MVD [8, 30, 31]. Cela correspond à un besoin, pour un fichier BIM reçu, de vérifier sa structuration interne et de détecter s'il est conforme à certaines attentes prédéfinies. Dans le second cas, il s'agit de valider le contenu d'un fichier BIM par rapport au code et à la règlementation du bâtiment [32], ou par rapport aux attentes d'un client [33] ou à des performances environnementales requises [34]. Ce cas ne concerne que trois articles, ce qui suggère que la vérification de contenu en BIM en est encore à ses balbutiements.

2.4.   Retrouver des données – l'angle des requêtes

Dans cette 4ᵉ catégorie, les acteurs doivent récupérer un ensemble précis de données BIM depuis un ensemble plus large. Le verrou industriel est dans la capacité à rechercher des données dans un modèle BIM – par le biais, entre autres, de requêtes. Seuls quatre articles abordent cette question : sur l'exécution de requêtes sur un modèle BIM [35, 36], sur la récupération de données depuis un modèle HBIM riche, hétérogène, aux LOD multiples [37] et sur la transformation des résultats de requêtes sur des sets de données exogènes en un fichier IFC [38]. La question sous-jacente est de savoir comment accéder et manipuler un ensemble de données BIM ciblées sans connaître le logiciel BIM de modélisation de ces données, ni être un expert en classifications IFC. Il semble pourtant que faciliter, l'identification, l'isolement et l'extraction des données BIM permettrait de démocratiser la collaboration BIM.

2.5.   Connecter des données métiers

Dans cette 5ᵉ catégorie, il s'agit de créer des liens persistants entre un modèle BIM générique et modèle spécifique – lié à un métier précis. La différence entre les 2ᵉ et 5ᵉ catégories est la suivante : dans la 2ᵉ, la question du lien entre deux modèles est posée passivement, afin d'éviter les ressaisies de données. Dans la présente catégorie, la question est posée activement, dans la perspective de créer un pont solide et réutilisable entre deux métiers.

Deux modes de connexion entre des modèles BIM génériques et spécifiques sont abordés :

1. le mode amont, avec des questions telles que « comment intégrer le SHM (*Structural Health Monitoring*) dans un modèle BIM ? » [39, 40] ou « comment représenter en IFC la circulation dans un bâtiment ? » [41], c'est-à-dire « comment structurer un modèle en amont pour l'adapter à un domaine spécifique ? » ;

2. le mode aval, avec des questions comme « comment fonder une évaluation énergétique sur la base d'un modèle BIM ? » [42-52], c'est-à-dire « comment extraire et transformer, à partir d'un modèle BIM, une information métier ? ».

Cette catégorie est la plus importante, avec 25 articles (31 %). Cela suggère un fort besoin d'utiliser les modèles BIM comme vecteurs de collaboration entre plusieurs domaines et soulève la question de l'encapsulation de la connaissance métier dans les modèles BIM.

2.6.   Combiner des données métiers

Dans cette 6ᵉ catégorie, les acteurs doivent combiner plusieurs sources de données hétérogènes tout au long d'un processus BIM. Il s'agit d'une version *scalée* de la question abordée dans la 5ᵉ catégorie : relier, en amont et en aval, des données provenant de plus de deux sources. La question est abordée à trois types de niveaux.

(1) Niveau conception : dans cette sous-catégorie, il s'agit de combiner divers ensembles de données pour évaluer une performance liée au coût ou à l'énergie [53-55] pendant la phase de conception.

(2) Niveau construction : dans cette sous-catégorie, la combinaison de données a lieu pendant la phase de construction, avec des exemples comme les processus d'auto-inspection des données BIM [56], la gestion de la chaîne d'approvisionnement [57], le risque d'affaissement de surface [58], l'évaluation qualitative de la surface du béton préfabriqué [59], la réalité virtuelle et augmentée sur les chantiers [60] et l'Internet des objets [61]. Dans cette phase, en plus d'être très hétérogènes en termes de sémantique et de granularité, les ensembles de données ont un LOD plus élevé et sont plus lourds que dans la phase de conception, ce qui augmente la difficulté à combiner les données.

(3) Niveau industrie BTP : dans cette sous-catégorie, la combinaison de données est abordée sous l'angle des modalités d'affaire, contractuelles et de la structuration commune des données dans le secteur du BTP. L'accent est mis sur les verrous conceptuels et structurels qui empêchent une combinaison fluide des données [62] et sur le challenge de la mise en œuvre de modèles multimétiers [63-65]. La question de l'alignement de la structuration des données métiers via un noyau partagé est posée [66]. Dans [67, 68], la question de la combinaison de données BIM et de l'interaction sociale informelle autour d'un projet est soulevée. Une prise de recul est effectuée dans [69], abordant le contexte d'affaire et les modalités humaines et contractuelles permettant la combinaison de données, avec la création d'un quotient de mesure de l'interopérabilité à l'échelle d'un projet. Il est clair que la combinaison de données, qui peut être considérée comme le plus haut niveau d'interopérabilité, n'est pas une question purement technique, et dépend aussi des interactions permises par la disposition contractuelle et humaine.

Avec 26 % des articles, il semble que le sujet de la combinaison des données est bien traité, à de multiples granularités, ce qui suggère l'existence au sein de l'industrie du BTP d'un besoin important de mise en place de modes de collaboration BIM multimétier, avec confrontations et analyses automatisées entre plusieurs modèles métier.

2.7.   Combiner des plates-formes de données

Dans cette 7ᵉ section, les acteurs doivent naviguer entre différentes plates-formes de données BIM et la question de l'interconnexion de ces plates-formes se pose. Cette catégorie peut être envisagée comme une version *scalée* de la 6ᵉ catégorie : l'interopérabilité est abordée au niveau de l'outil collaboratif lui-même et plus seulement au niveau de la donnée. Cela soulève une nouvelle question : les plates-formes de collaboration BIM doivent-elles et peuvent-elles être interopérables ?

Différents angles sont retenus, comme la question triviale mais nécessaire d'une connexion Internet robuste sur un chantier de construction pour permettre la collecte de données en temps réel via wi-fi [70], ou la possibilité de créer des interfaces multi-utilisateurs pour examiner des maquettes numériques multimétiers [71]. Deux articles posent la question de l'interopérabilité inter-plates-formes sous un angle *cloud* très technique : dans le contexte d'un *cloud* privé [72] et fédéré [9]. Une question cruciale est posée dans [73] : quelles sont les améliorations technologiques qui permettraient l'interopérabilité entre différentes plates-formes collaboratives BIM sur le web ? Ces plates-formes web devaient résoudre les problèmes d'interopérabilité et de collaboration en permettant le partage, la visualisation et la modification en ligne de différents fichiers BIM. Dans les faits, comme ces plates-formes sont dans la plupart des cas des outils *propriétaires* (non-OpenBIM) ouvertes à un nombre restreint de formats, le problème d'interopérabilité technique BIM a simplement été déplacé du niveau de la donnée au niveau de l'outil collaboratif même. Cette section contient un faible nombre d'articles, tous très récents (2017-2018), suggérant qu'il s'agit d'un nouveau sujet de recherche.

3.   Résolution des problèmes d'interopérabilité BIM

Cette section se concentre sur les solutions proposées pour résoudre les problèmes d'interopérabilité et de collaboration BIM. Trois catégories de méthodologies de résolution de problèmes sont mises en œuvre :

1. l'approche top-down, dans laquelle la responsabilité de l'intégrité de l'échange incombe à l'émetteur ;

2. l'approche bottom-up, dans laquelle la responsabilité de l'intégrité de l'échange incombe au récepteur ;

3. l'approche intégrative, qui traite le problème au niveau du flux de données même, plutôt que via la perspective émetteur ou récepteur. Le corpus est analysé et décomposé selon ces trois grandes catégories.

Tableau 4. Catégorisation des articles selon le type de résolution des problèmes d'interopérabilité

INTEROPERABILITY SOLUTIONS	Number	%
A. Top-down	7	**9 %**
1. Data representation	2	3 %
2. IFC/MVD Extension	4	5 %
3. MVD implementation enhancement	1	1 %
B. Bottom-up	**22**	**28 %**
1. Data automatic deduction & transformation	12	15 %
2. IFC / MVD validation	5	6 %
3. Conversion enhancement	3	4 %
4. Easy queries and extraction	2	3 %
C. Integration	**51**	**64 %**
1. Data Articulation	18	23 %
2. Data Centralization & Connection	14	18 %
3. Workflows Orchestration	10	13 %
4. Semantic Web & Ontologies	9	11 %
Total	**80**	**100 %**

3.1.   Approche top-down

Dans cette catégorie, la responsabilité de l'intégrité de l'échange est placée au niveau de l'émetteur, qui doit s'assurer que l'ensemble des données fournies peut être consulté et utilisé par le destinataire. Les solutions se concentrent sur la structuration des données en amont, afin de permettre un échange robuste et fiable en aval, et le verrou industriel est : « Comment les données devraient-elles idéalement être structurées ? »

L'IFC étant la norme de facto, l'idée de créer un nouveau schéma de données est presque inexistante, à l'exception d'une nouvelle suggestion de structuration de données pour la modélisation structurelle [17]. Les articles du corpus portent sur l'utilisation optimale de l'IFC pour représenter certains éléments non initialement décrits par ce format [41], sur des extensions du schéma IFC (nouveaux concepts et classes) pour les catalogues de produits basés sur l'IFC [74] ou sur la modélisation IFC de capteurs structurels [39, 40]. D'autres articles se concentrent sur les améliorations dans les MVD, avec par exemple la création de nouvelles MVD pour certains types particuliers de bâtiments [75] ou la suggestion de modulariser le développement du MVD au sein du BTP [10]. Comme les MVD sont basés sur des exigences spécifiques d'échange, leur implémentation et leur maintenance sont coûteuses, chronophages et, bien souvent, peu documentées. Via la mise place de *modules d'échange sémantique* (SEM) réutilisables, sortes de *briques* modulaires servant de base à la création des MVD pour les divers métiers du bâtiment, l'effort de création des MVD pourrait être mutualisé et distribué au sein de l'industrie du bâtiment et son coût pourrait donc être réduit [10].

L'approche top-down est presque exclusivement axée sur l'openBIM et porte sur la représentation et la structuration *idéales* des données BIM, ou sur les façons *idéales* dont les acteurs BIM devraient créer des vues de modèle IFC. Toutefois, le nombre d'articles adoptant cet angle descendant diminue avec le temps, ce qui donne à penser que cette approche, bien que nécessaire, n'est pourtant pas suffisante pour résoudre les problèmes d'interopérabilités BIM.

3.2.   Approche bottom-up

Dans cette catégorie, la responsabilité de l'intégrité de l'échange se situe au niveau du récepteur. Les solutions consistent à optimiser l'utilisation en aval d'un ensemble donné de données BIM reçues. L'accent est mis sur les données de sortie.

3.2.1.   Déduction de données et transformation automatisées

La catégorie la plus saillante est celle de l'approche par la déduction et transformation automatisée des données. Le principe est de déduire un contenu sémantique implicite à partir de données BIM explicites, comme indiqué et développé dans [27], où est décrite une expérience dans laquelle des joints préfabriqués et des agrégations de dalles sont détectés dans un modèle BIM, par l'implémentation de règles déductives – dans le but de tester un processus général d'enrichissement sémantique. Cet article insiste sur le changement de paradigme qui s'opère si la responsabilité de la traduction métier est placée du côté de l'application réceptrice – et de l'aspect pragmatique de la démarche (c'est le récepteur qui a besoin de cette traduction, il est donc plus logique qu'il ait la charge de la traduction métier). Cette approche est également développée dans [22, 23], via la mise en place *d'échanges d'informations interprétée* (IIE), qui visent à capturer des informations qui pourraient être considérées comme *latentes* dans un modèle BIM, telles qu'un modèle géométrique filaire (points et lignes) nécessaire comme donnée d'entrée pour une analyse structurelle. Le processus est double :

1. extraction des données appropriées, c'est-à-dire le modèle géométrique filaire ;

2. transformation de ces données pour les adapter à un schéma géométrique d'analyse structurelle, c'est-à-dire fusionner certains points en nœuds, et recomposer certaines lignes afin d'obtenir un réseau de lignes verticales et horizontales. Dans ce cas, le processus consiste en une transformation géométrique d'un modèle BIM et un processus similaire est décrit dans [25] avec une simplification géométrique pour le domaine énergétique.

On trouve des cas similaires de transformation de modèles BIM pour des métiers spécifiques : pour le domaine structurel [4, 24], le domaine de l'analyse énergétique [44, 50, 51] et des modèles CAO aux modèles BIM : dans [26] un outil basé sur un langage de programmation visuel (VPL) est développé pour automatiser la transformation d'un modèle 3D géométrique en un modèle BIM.

3.2.2. Validations IFC/MVD

Un autre aspect est la validation de fichier IFC et de différentes MVD. Un important effort a été fourni pour valider des fichiers IFC vis-à-vis de leur MVD, avec la proposition d'un processus de validation modulaire [30] et le développement de règles logiques, ainsi que d'un cadre de validation pour vérifier syntaxiquement et sémantiquement une instance IFC vis-à-vis d'une MVD spécifique [31]. L'idée ici est de vérifier si un IFC est syntaxiquement correct d'après sa MVD. Une approche *machine-learning* a été développée [38], avec la création d'un algorithme de *novelty-detection* afin de nettoyer un IFC mal structuré. L'utilisation de l'intelligence artificielle semble prometteuse dans ce type d'approches.

3.2.3. Stratégies de conversion

La simple « conversion » et les stratégies de compatibilité sont aussi analysées dans le cadre bottom-up avec, par exemple une évaluation sur cinq ans de l'évolution de l'interopérabilité technique pour les modèles BIM structurels [2], la proposition d'un algorithme de compression permettant la suppression des informations redondantes d'un fichier IFC [16], ou la mise en œuvre du langage JSON pour traduire un IFC en format web-compatible [15].

3.2.4. Requêtes BIM

Deux articles portent sur la résolution des problèmes d'interopérabilité BIM via la facilitation du lancement de requêtes BIM : en mettant en place un prototype de logiciel qui automatise la génération de code de requête sur des MVD, et qui peut être configuré par un utilisateur BIM sans compétences en programmation [35] ou en montrant que des requêtes informelles peuvent être effectuées sur des données BIM en utilisant une *fuzzy logic* [36]. Comme mentionné précédemment dans la section précédente, l'extraction de données BIM correspond à un besoin important dans la pratique, et le fait que seulement deux articles traitent de requêtes dans des bases de données BIM suggère qu'il existe une lacune dans la recherche sur cette question.

3.3.   Approche intégrative

Dans cette catégorie, la résolution des problèmes d'interopérabilité et de collaboration n'est pas placée du côté de l'émetteur ou du récepteur, mais plutôt orientée directement sur le processus d'échange de données lui-même : le questionnement porte sur le flux de données, plutôt que sur les données d'entrée ou de sortie.

3.3.1.   Articulation de données

L'approche principale, avec 18 articles, est l'articulation des données, c'est-à-dire la création d'outils pour automatiser les ponts entre différents ensembles de données. Les moyens techniques d'articulation de données impliquent différents vecteurs, comme une courbe de référence paramétrique CAO 3D pour fédérer les échanges de données sur un pont en acier [21], une bibliothèque BIM *modelica-based* pour faciliter les traductions semi-automatiques du BIM vers le BEM (Building Energy Modeling) [46], un modèle sémantiquement riche spécifique à la règlementation du bâtiment comme base d'un processus de vérification de conformité à la règlementation du bâtiment [32], un système de classification standard, utilisé comme médiateur pour mettre en œuvre la vérification de performance sur un modèle BIM [33] ou l'utilisation d'outils de programmation visuelle (VPL) pour créer une connexion entre des données CAO 3D et des modèles BIM. Certains outils sont explicitement basés sur l'openBIM, comme cet outil d'évaluation de la qualité de construction basé sur l'IFC [76], tandis que d'autres sont explicitement basés sur les API de logiciels commerciaux, comme un plugin automatisant la transformation des données BIM pour alimenter une simulation énergétique [77]. D'autres applications s'interrogent sur l'utilisation de l'IFC versus API comme vecteurs d'interopérabilité, avec par exemple la cartographie des échanges bilatéraux typiques entre un modèle structurel et des modèles de coordination BIM [20].

La question ultime dans un cadre d'articulation de données est l'interopérabilité dynamique. La question des échanges bilatéraux entre deux ensembles de données BIM n'est soulevée que dans deux articles : via la mise en lumière d'une rupture dans les échanges bilatéraux entre des données IFC et gbXML [78] et la création d'un outil qui relie bilatéralement un module d'optimisation multi-objectif à un modèle BIM, et qui permet de réimporter le résultat dans le modèle BIM d'entrée [47].

3.3.2.   Centralisation de données

Une deuxième approche, avec 14 articles, est basée sur la centralisation et la distribution des données, c'est-à-dire des outils qui collectent et distribuent différents ensembles de données BIM.

Une première sous-catégorie porte sur l'aspect technique. Deux articles abordent la question de la centralisation et de la distribution des données via les espaces de travail et les droits d'accès aux données des utilisateurs BIM, avec la mise en place d'un multi-serveur sur un cloud privé [72] ou la mise en place d'un cloud fédéré : un environnement collaboratif distribué dans lequel chaque équipe maintient ses propres données sans devoir les transférer sur un site central [9].

Certains articles portent exclusivement sur la collecte de données BIM via des plates-formes avec, par exemple, la création d'une plate-forme de stockage de données, avec gestion des documents BIM [79] et la mise en place d'une plate-forme avec deux fonctions principales :

gestion du travail de conception – espace de travail collaboratif pour les données BIM par discipline – gestion du travail, coûts, approvisionnement [67]. Ces outils peuvent être considérés comme des prototypes de plates-formes BIM collaboratives, même s'ils se limitent au stockage cloud de modèles BIM et à la visualisation et annotation. La collaboration s'applique ici avec une faible granularité et s'arrête à la frontière des fichiers : pour un modèle métier, les objets ou groupes d'objets à l'intérieur d'un modèle ne sont pas connectés aux ensembles de données correspondants d'un autre métier. Par exemple, l'objet « mur » apparaîtra dans au moins deux modèles BIM, l'un structurel et l'autre architectural ; et les deux objets numériques, correspondant au même objet physique, ne sont pas reliés mais dupliqués.

D'autres plates-formes ne se limitent pas à la centralisation des données BIM et ajoutent d'autres types de données, comme les données CAO et les données [57], les données environnementales et les données de capteurs [53, 56], les données des *smart devices* IoT [58, 61], les données d'évaluation du cycle de vie (LCA) [48]. Ces outils traitent les données avec une granularité élevée, au-delà de la frontière des conteneurs et de fichiers et utilisent des méthodologies comme ETL (*extract-transform-load*), la division partielle des données, la fusion, la combinaison. Un article va au-delà de la question de la plate-forme collaborative BIM, et soulève le problème de la connexion inter-plates-formes BIM [73].

3.3.3. Orchestration de workflows

Une troisième approche, soulevée dans 10 articles, aborde le challenge de l'intégration à travers la mise en œuvre de processus BIM, ou *workflows* BIM. Cette approche va au-delà de la centralisation et de la connexion technique des données BIM et prend en compte les organisations de travail qui permettent la collaboration BIM.

Dans [80], l'accent est mis sur la nécessité de relier les workflows BIM à l'organisation du travail, avec la prescription de spécifications d'interopérabilité, de processus inter-organisationnel et de processus humains basés sur les recommandations IDM de BuildingSmart. D'un point de vue plus technique, la question de l'interface collaborative homme-machine est abordée dans [71], avec la proposition d'une interface multi-utilisateurs et multimétiers pour la visualisation des modèles BIM, afin de faciliter les revues de modèles dans le contexte de l'ingénierie simultanée.

La collaboration interdisciplinaire et inter-modèle est abordée par le biais d'une approche multi-modèles dans quatre articles. Dans [55], un cadre conceptuel multi-modèle fondé sur un modèle central IFC est élaboré, auquel des modèles de simulation sont liés. Dans [64], un cadre multi-modèle de données liées est élaboré pour homogénéiser l'*accès* aux données plutôt que leur *format*, afin de créer des liens cohérents entre les divers modèles originaux métiers. Une approche similaire est utilisée dans [65], qui décrit la mise en place d'un cadre flexible et distribué intégrant plusieurs langages spécifiques à un domaine (DSL), pour orchestrer différents modèles et logiciels via des fonctionnalités d'extensibilité. Dans [63], cinq outils de création BIM sont étudiés, et il est démontré qu'ils ne répondent pas aux exigences requises pour être intégrés à un processus d'optimisation multimétiers à l'échelle d'un projet. Une telle intégration nécessiterait une amélioration de l'interopérabilité de leurs composants, une capacité à les automatiser, et une paramétrisation des modèles.

Une prise de recul est effectuée dans [62], mettant l'accent sur l'objectif initial d'un modèle BIM. Trois indicateurs de qualité BIM contradictoires sont présentés : la représentation sémantique, l'exhaustivité conceptuelle et la facilité de mise en œuvre. Selon les auteurs, la tension entre ces trois tendances doit être prise en compte dans un processus d'échange de données BIM. En d'autres termes, un workflow BIM doit répondre aux trois objectifs contradictoires inhérents à tout modèle BIM.

3.3.4. Web sémantique et ontologies

Une quatrième approche est l'utilisation des ontologies et des technologies du web sémantique, évoquées dans neuf articles. Cette technologie est utilisée dans l'effort de formalisation de l'IDM/MVD, qui propose une nouvelle structure hiérarchique basée sur une définition ontologique de l'IFC [18] ou dans le développement d'un outil de génération automatisée des MVD [19]. Les technologies du Web sémantique sont également utilisées dans [37] pour représenter les données HBIM, dans [81] pour développer un catalogue de composants de produits directement accessible depuis un logiciel de modélisation BIM, dans [38] où les résultats des requêtes, effectuées avec le langage SPARQL, sont traduits en IFC, et chargés dans un logiciel de modélisation BIM. Une approche plus générique est suggérée dans [66], afin de permettre une collaboration multimétiers : la création d'une ontologie BIM partagée (BIMSO) représentant les concepts *communs* aux différents métiers du bâtiment. Le BIMSO agit comme un médiateur sémantique alignant les différentes ontologies spécifiques à chaque domaine. L'utilisation des technologies du web sémantique est très récente : les articles concernés ont été publiés entre 2015 et 2018. Comme l'indique un état de l'art exclusivement consacré à la question [13], leur utilisation semble prometteuse.

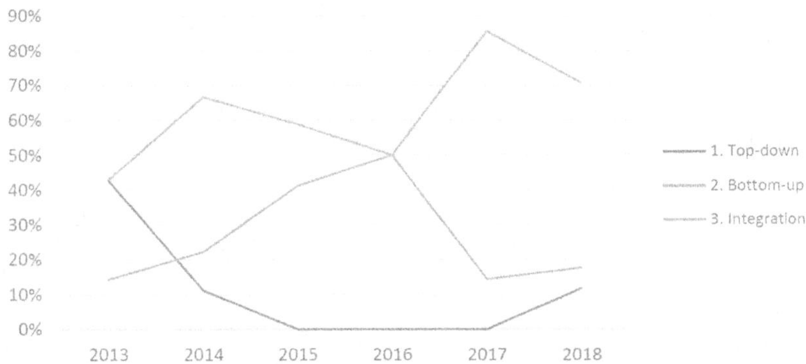

Figure 3. Évolution dans le temps des types de solutions de résolution des problèmes d'interopérabilité

4. Discussion

4.1. Perspectives de recherche

Les questions relatives à la collaboration et à l'interopérabilité BIM sont traitées par la littérature scientifique. D'un côté, de nombreux efforts sont déployés pour inférer des données d'un métier à l'autre, afin de réduire la ressaisie de données, et relier différents modèles métiers entre eux, ou créer des maquettes BIM multimétiers. D'autre part, la collaboration BIM sur le cloud est en hausse et les données BIM sont de plus en plus partagées par le biais de plates-formes Web.

Cependant, il semble que le niveau collaboratif de maturité 3 du BIM n'ait pas encore été atteint : sur le terrain, les échanges de données BIM sont toujours basés sur la soumission de gros fichiers, qui restent l'unité collaborative entre les différents métiers. Les niveaux de maturité BIM ont été définis par le *BIM Industry Working Group* en 2011 dans un document officiel du gouvernement britannique, caractérisant le niveau 3 par la mise en œuvre d'une maquette BIM multidisciplinaire *unique*, dans laquelle chaque métier co-modéliserait. Comme mentionné dans [62], un « malentendu conceptuel » persiste au sujet de la maquette BIM, selon lequel « il pourrait y avoir un seul ensemble d'information ou même un seul modèle d'information qui répondrait aux besoins de tous les intervenants du projet ». À cet égard, le « modèle unique » BIM de niveau 3 ne peut donc en aucun cas être un *fichier silo* BIM, mais serait plutôt un ensemble de modèles métier à haute granularité, interconnectés et distribués – distribution régie par une gestion précise des droits d'accès utilisateurs.

À ce jour, la collaboration BIM de maturité 3 n'est pas encore implémentée dans le BTP, à l'exception :

1. des modèles BIM basés sur des méthodologies de *product data management* et *product life-cycle management* (PDM/PLM), utilisant des outils logiciels issus des industries aéronautiques ou automobiles, comme Catia/3D Experience (Dassault Systèmes) ou Microstation (Bentley Systems), permettant la « comodélisation » grâce à des schémas arborescents à haute granularité ;

2. des collaborations basées sur des outils tels que Flux.io[1], une plate-forme permettant l'interopérabilité dynamique BIM avec une granularité élevée, ou un outil similaire comme Speckle[2]. Cependant, la voie d'une maturité collaborative de niveau 3 est clairement ouverte par les travaux sur l'orchestration des mécanismes d'extensibilité entre modèles [65], la modélisation nD et multi-modèles [64] et l'optimisation multidisciplinaire [63].

Toutefois, nous avons relevé trois éléments fondamentaux susceptibles d'améliorer les échanges de données BIM, qui pourtant ne sont pas adressés dans la littérature : la paramétrisation inter-modèles, l'interopérabilité dynamique et les requêtes BIM et extractions partielles de données.

4.1.1. Paramétrisation inter-modèles et associativité

Peu d'articles abordent le challenge des liens paramétriques entre les modèles. Comme mentionné dans [81] « il faut redoubler d'efforts pour fournir des descriptions paramétriques de produits de manière plus normalisée ». De même, le manque d'interopérabilité, d'automation et de paramétrage des composants et des modèles est identifié comme un frein technique aux échanges de données dans [63]. L'importance de définir la sémantique des *liens* entre les modèles est soulignée dans [64].

Il est nécessaire d'établir des liens entre les objets de différents modèles BIM pour assurer la continuité des données, leur contrôle, et des processus tels que la propagation automatique des modifications de projet – qui évite les ressaisies inutiles de données. Si certains modèles BIM sont déjà paramétriques, cette paramétrisation doit être étendue au niveau du projet,

---

1   https://twitter.com/flux_io. Cette plate-forme a été fermée en avril 2018.
2   https://speckle.works/.

entre différentes équipes et métiers, et au-delà des conteneurs de données que constituent par exemple les fichiers. Un objet BIM donné pour le métier n° 1 devrait être relié à l'objet ou groupe d'objets BIM associé du métier n° 2.

4.1.2. Interopérabilité dynamique

Seuls deux articles [45, 78] abordent le sujet de l'interopérabilité dynamique BIM, c'est-à-dire le lien bidirectionnel entre deux ensembles de données BIM. La question de déduire des données métiers d'un modèle BIM n° 1 pour enrichir un modèle BIM n° 2 est traitée dans la littérature scientifique ; mais la question de renvoyer l'information du modèle n° 2 au modèle n° 1 ne l'est pas. Il semble que les scénarios aller-retour et les échanges bidirectionnels entre plusieurs modèles métiers pourraient recevoir plus d'attention. La question de l'interopérabilité dynamique soulève automatiquement la question des LOD, avec des interrogations comme « sur quels ensembles de données les liens doivent-ils être attachés ? », et le sujet de la hiérarchie entre les objets BIM.

4.1.3. Requêtes BIM et extractions partielles

Seuls trois articles [35-37] abordent directement le challenge de requêter des modèles BIM, et d'extraire le résultat de ces requêtes. Il semble que cette question est peu traitée dans la littérature, ce qui est paradoxal. D'après nous, cette question correspond à un grand besoin pratique dans le monde « réel » du BIM. Les acteurs BIM reçoivent souvent des fichiers BIM *silos* et ont besoin d'en extraire des informations spécifiques, sans perdre de temps à naviguer dans l'ensemble du modèle BIM.

4.2. Limitations

Certains sujets n'ont pas été intégrés dans les cadres analytiques de cette revue de littérature, mais pourraient être considérés dans de futurs travaux. Même si la plupart des articles du corpus sont basés sur l'openBIM, certains d'entre eux utilisent aussi les API de logiciels propriétaires pour résoudre les problèmes d'interopérabilité. Certains éditeurs ne font pas l'effort de s'aligner sur les normes IFC, mais ont des API très ouverts, ce qui permet de mettre en œuvre des processus d'interopérabilité robustes. La balance entre les méthodologies openBIM *versus* API pourrait être intéressante à étudier. Par ailleurs, une analyse via le prisme des LOD pourrait être intéressante à mener : les questions relatives à la collaboration et à l'interopérabilité ne sont pas traitées de la même manière selon le LOD des modèles BIM concernés, en particulier en termes de liens sémantiques. De la même manière, le degré de confidentialité des données BIM n'a pas été pris en compte dans le présent état de l'art, mais pourrait faire l'objet d'études futures, car ce degré a un impact fort sur la mise en place d'un processus collaboratif. Enfin, un cadre d'analyse pourrait être développé ultérieurement : le degré de collaboration et d'interopérabilité selon le domaine du BTP en jeu, c'est-à-dire à la fois le type de projet, la phase ainsi que les disciplines et métiers impliqués dans le processus BIM.

Conclusions

La présente revue de littérature montre que le besoin d'interopérabilité et de collaboration BIM est abordé par la communauté scientifique, de diverses manières, et constitue un domaine de recherche très actif et innovant.

La nécessité d'une connexion BIM entre les différents métiers du bâtiment est reconnue : de nombreuses applications et prototypes d'outils logiciels relèvent ce défi, et un important effort est fait pour combiner des ensembles de données hétérogènes au niveau de la phase de conception, de construction, ainsi qu'au niveau de l'industrie du BTP dans son ensemble.

Alors que les approches top-down et bottom-up semblent être en déclin pour la résolution des problèmes d'interopérabilité, l'approche intégrative est de plus en plus adoptée et l'effort se situe de plus en plus au niveau du flux de données lui-même, et non plus du côté émetteur ou récepteur. Les données BIM sont de plus en plus échangées sur le cloud et la nécessité d'aligner les processus de travail humain et les flux de données BIM est abordée via le sujet de multi-modèles inter-métier. L'utilisation du web sémantique et des ontologies est très prometteuse et semble être un accélérateur puissant afin de propager les données BIM entre acteurs et aligner les formats. Trois manquements en matière de recherche ont toutefois été identifiés, à savoir la paramétrisation et l'associativité inter-modèles, l'interopérabilité dynamique et la facilitation des requêtes et extractions de données BIM, ce qui pourrait ouvrir la voie à de futures recherches.

Bibliographie

[1]   C.M., Eastman, C., Eastman, P., Teicholz, R., Sacks, 2011, BIM Handbook: A Guide to Building Information Modeling for Owners, Managers, Designers, Engineers and Contractors, John Wiley & Sons, Hoboken, NJ, 688 p.

[2]   M.F., Muller, A., Garbers, F., Esmanioto, N., Huber, E.R., Loures, O., Canciglieri Junior, 2017, Data interoperability assessment though IFC for BIM in structural design–a five-year gap analysis, J. Civ. Eng. Manag. 23, 943–954. doi:10.3846/139237 30.2017.1341850

[3]   The Business Value in BIM North America - Multi-year Trend Analysis and Users Ratings (2007-2012), McGraw - Hill, 2012. https://bimforum.org/wp-content/ uploads/2012/12/MHC-Business-Value-of-BIM-in-North-America-2007-2012-SMR. pdf (accessed February 10, 2019)

[4]   Z.-Z., Hu, X.-Y., Zhang, H.-W., Wang, M., 2016, Kassem, Improving interoperability between architectural and structural design models: An industry foundation classes-based approach with web-based tools, Autom. Constr. 66, 29–42. doi:10.1016/j. autcon.2016.02.001

[5]   M.P., Gallaher, A.C., O'Connor, J.L., Dettbarn, Jr., L.T., 2004, Gilday, Cost Analysis of Inadequate Interoperability in the U.S. Capital Facilities Industry, National Institute of Standards and Technology. doi:10.6028/NIST.GCR.04-867

[6]   A., Grilo, R., Jardim-Goncalves, 2010, Value proposition on interoperability of BIM and collaborative working environments, Autom. Constr. 19, pp. 522-530. doi:10.1016/j.autcon.2009.11.003

[7] R., Santos, A.A. Costa, A., Grilo, 2017, Bibliometric analysis and review of Building Information Modelling literature published between 2005 and 2015, Autom. Constr. 80, 118–136. doi:10.1016/j.autcon.2017.03.005

[8] C., Zhang, J., Beetz, M., Weise, 2015, Interoperable validation for IFC building models using open standards, J. Inf. Technol. Constr. ITcon. 20, pp. 24-39

[9] I., Petri, T., Beach, O.F., Rana, Y., Rezgui, 2017, Coordinating multi-site construction projects using federated clouds, Autom. Constr. 83, pp. 273-284. doi:10.1016/j.autcon.2017.08.011

[10] M., Belsky, C., Eastman, R., Sacks, M., Venugopal, S., Aram, D., Yang, Interoperability for precast concrete building models, 2014, PCI J. 59, pp. 144-155, doi:10.15554/pcij.03012014.144.155

[11] H.-Y., Chong, C.-Y., Lee, X., Wang, 2017, A mixed review of the adoption of Building Information Modelling (BIM) for sustainability, J. Clean. Prod. 142, pp. 4114-4126. doi:10.1016/j.jclepro.2016.09.222

[12] M., Laakso, L., Nyman, 2016, Exploring the Relationship between Research and BIM Standardization: A Systematic Mapping of Early Studies on the IFC Standard (1997-2007), Buildings. 6, 7. doi:10.3390/buildings6010007

[13] P., Pauwels, S., Zhang, Y.-C., Lee, 2017, Semantic web technologies in AEC industry: A literature overview, Autom. Constr. 73, pp. 145-165. doi:10.1016/j.autcon.2016.10.003

[14] N., Hassan Ibrahim, 2013, Reviewing the evidence: USE of digital collaboration technologies in major building and infrastructure projects, J. Inf. Technol. Constr. 24

[15] K., Afsari, C.M., Eastman, D., 2017, Castro-Lacouture, JavaScript Object Notation (JSON) data serialization for IFC schema in web-based BIM data exchange, Autom. Constr. 77, pp. 24-51. doi:10.1016/j.autcon.2017.01.011

[16] J., Sun, Y.-S., Liu, G., Gao, X.-G., Han, 2015, IFCCompressor: A content-based compression algorithm for optimizing Industry Foundation Classes files, Autom. Constr. 50, pp. 1-15. doi:10.1016/j.autcon.2014.10.015

[17] R., Solnosky, J., Hill, 2013, Formulation of systems and information architecture hierarchies for building structures, J. Inf. Technol. Constr. 18

[18] M., Venugopal, C.M., Eastman, J., Teizer, 2015, An ontology-based analysis of the industry foundation class schema for building information model exchanges, Adv. Eng. Inform. 29, 940-957. doi:10.1016/j.aei.2015.09.006

[19] Y.-C., Lee, C.M., Eastman, W., 2016, Solihin, An ontology-based approach for developing data exchange requirements and model views of building information modeling, Adv. Eng. Inform. 30, pp. 354-367. doi:10.1016/j.aei.2016.04.008

[20] T.-S., Shin, Building information modeling (BIM) collaboration from the structural engineering perspective, 2017, Int. J. Steel Struct. 17, pp. 205-214. doi:10.1007/s13296-016-0190-9

[21] S.G., Karaman, S.S., Chen, B.J. Ratnagaran, Three-Dimensional Parametric Data Exchange for Curved Steel Bridges, Transp. Res. Rec. J. Transp. Res. Board. 2331 (2013), pp. 27-34. doi:10.3141/2331-03

[22] I.J., Ramaji, A.M., Memari, 2016, Interpreted Information Exchange: Systematic Approach for BIM to Engineering Analysis Information Transformations, J. Comput. Civ. Eng. 30 04016028. doi:10.1061/(ASCE)CP.1943-5487.0000591

[23] I.J., Ramaji, A.M., Memari, 2018, Interpretation of structural analytical models from the coordination view in building information models, Autom. Constr. 90, pp. 117-133. doi:10.1016/j.autcon.2018.02.025

[24] Z.-Q., Liu, F., Zhang, J., Zhang, 2016, The Building Information Modeling and its Use for Data Transformation in the Structural Design Stage, J. Appl. Sci. Eng. 12. doi:10.6180/jase.2016.19.3.05

[25] D., Ladenhauf, R., Berndt, U., Krispel, E., Eggeling, T., Ullrich, K., Battisti, M., Gratzl-Michlmair, 2016, Geometry simplification according to semantic constraints: Enabling energy analysis based on building information models, Comput. Sci. - Res. Dev. 31, pp. 119-125. doi:10.1007/s00450-014-0283-7

[26] J., Ryu, J., Lee, J., Choi, 2016, Development of Process for Interoperability Improvement of BIM Data for Free-form Buildings Design using the IFC Standard, Int. J. Softw. Eng. Its Appl. 10, pp. 127-138. doi:10.14257/ijseia.2016.10.2.11

[27] M., Belsky, R., Sacks, I., Brilakis, 2016, Semantic Enrichment for Building Information Modeling: Semantic enrichment for building information modeling, Comput.-Aided Civ. Infrastruct. Eng. 31, pp. 261-274. doi:10.1111/mice.12128

[28] B., Koo, B., Shin, 2018, Applying novelty detection to identify model element to IFC class misclassifications on architectural and infrastructure Building Information Models, J. Comput. Des. Eng. 5, pp. 391-400. doi:10.1016/j.jcde.2018.03.002

[29] Y.-C., Lee, C.M., Eastman, J.-K., Lee, 2015, Validations for ensuring the interoperability of data exchange of a building information model, Autom. Constr. 58, 176-195, doi:10.1016/j.autcon.2015.07.010

[30] Y.-C., Lee, C.M., Eastman, W., Solihin, R., See, 2016, Modularized rule-based validation of a BIM model pertaining to model views, Autom. Constr. 63, pp. 1-11. doi:10.1016/j.autcon.2015.11.006

[31] Y.-C. Lee, C.M. Eastman, W. Solihin, 2018, Logic for ensuring the data exchange integrity of building information models, Autom. Constr. 85, pp. 249-262. doi:10.1016/j.autcon.2017.08.010

[32] S., Malsane, J., Matthews, S., Lockley, P.E.D. Love, D., Greenwood, 2015, Development of an object model for automated compliance checking, Autom. Constr. 49, pp. 51–58. doi:10.1016/j.autcon.2014.10.004

[33] C., Zanchetta, P., Borin, C., Cecchini, G., Xausa, 2017, Computational design and classification systems to support predictive checking of performance of building systems, TECHNE – J. Technol. Archit. Environ. TECHNE 13 2017 Theor. Pract. Des. doi:10.13128/techne-19759

[34] B., Zhong, C., Gan, H., Luo, X., Xing, 2018, Ontology-based framework for building environmental monitoring and compliance checking under BIM environment, Build. Environ. 141, pp. 127-142. doi:10.1016/j.buildenv.2018.05.046

[35] Y., Jiang, N., Yu, I., Watson, J., Ming, S., Lee, J., DeGraw, J., DeGraw, J., Yen, J.I., Messner, D., Wu, Automatic building information model query generation, J., Inf. Technol. Constr. (2015) 18

[36] J., Gómez-Romero, F., Bobillo, M., Ros, M., Molina-Solana, M.D., Ruiz, M.J., Martín-Bautista, 2015, A fuzzy extension of the semantic Building Information Model, Autom. Constr. 57, 202-212. doi:10.1016/j.autcon.2015.04.007

[37] R., Quattrini, R., Pierdicca, C., Morbidoni, 2017, Knowledge-based data enrichment for HBIM: Exploring high-quality models using the semantic-web, J. Cult. Herit. 28, pp. 129-139. doi:10.1016/j.culher.2017.05.004

[38] E., Karan, J., Irizarry, J., Haymaker, 2015, Generating IFC models from heterogeneous data using semantic web, Constr. Innov. 15, pp. 219-235. doi:10.1108/CI-05-2014-0030

[39] J., Rio, B., Ferreira, J., Poças-Martins, 2013, Expansion of IFC model with structural sensors, Inf. Constr. 65, pp. 219-228. doi:10.3989/ic.12.043

[40] M., Theiler, K., Smarsly, 2018, IFC Monitor – An IFC schema extension for modeling structural health monitoring systems, Adv. Eng. Inform. 37, pp. 54-65. doi:10.1016/j.aei.2018.04.011

[41] J.K., Lee, M.J., Kim, 2014, BIM-Enabled Conceptual Modelling and Representation of Building Circulation, Int. J. Adv. Robot. Syst. 11, p. 127. doi:10.5772/58440

[42] A., Cemesova, C.J., Hopfe, R.S., 2015, Mcleod, PassivBIM: Enhancing interoperability between BIM and low energy design software, Autom. Constr. 57, pp. 17-32. doi:10.1016/j.autcon.2015.04.014

[43] F., Shadram, T.D., Johansson, W., Lu, J., Schade, T., 2016, Olofsson, An integrated BIM-based framework for minimizing embodied energy during building design, Energy Build. 128, pp. 592-604. doi:10.1016/j.enbuild.2016.07.007

[44] J. Choi, J. Shin, M. Kim, I. Kim, 2016, Development of openBIM-based energy analysis software to improve the interoperability of energy performance assessment, Autom. Constr. 72, pp. 52-64. doi:10.1016/j.autcon.2016.07.004

[45] E., El Asmi, S., Robert, B., Haas, K., Zreik, 2015, A standardized approach to BIM and energy simulation connection., Int. J. Des. Sci. Technol. 21

[46] J.B., Kim, W., Jeong, M.J., Clayton, J.S., Haberl, W., Yan, 2015, Developing a physical BIM library for building thermal energy simulation, Autom. Constr. 50, pp. 16-28. doi:10.1016/j.autcon.2014.10.011

[47] F., Shadram, J., Mukkavaara, 2018, An integrated BIM-based framework for the optimization of the trade-off between embodied and operational energy, Energy Build, 158, pp. 1189-1205, doi:10.1016/j.enbuild.2017.11.017

[48] R.S., Nizam, C., Zhang, L., Tian, 2018, A BIM based tool for assessing embodied energy for buildings, Energy Build. 170, pp. 1-14, doi:10.1016/j.enbuild.2018.03.067

[49] J., Choi, J., Lee, J., Cho, 2018, Suggestion of the Core Element Technology to Improve BIM Data Interoperability Based on the Energy Performance Analysis, Int. J. Grid Distrib. Comput, 11, pp. 157-168. doi:10.14257/ijgdc.2018.11.4.14

[50] E., Guzmán Garcia, Z., Zhu, 2015, Interoperability from building design to building energy modeling, Int. J. Grid Distrib. Comput, 1, pp. 33-41, doi:10.1016/j.jobe.2015.03.001

[51] K.-U., Ahn, Y.-J., Kim, C.-S., Park, I., Kim, K., Lee, BIM interface for full vs. semi-automated building energy simulation, Energy Build. 68 (2014) 671-678, doi:10.1016/j.enbuild.2013.08.063

[52] H., Kim, K., Anderson, 2013, Energy Modeling System Using Building Information Modeling Open Standards, J. Comput. Civ. Eng. 27, pp. 203-211, doi:10.1061/(ASCE)CP.1943-5487.0000215

[53] J.-H., Woo, C., Menassa, 2014, Virtual Retrofit Model for aging commercial buildings in a smart grid environment, Energy Build. 80, 424-435, doi:10.1016/j.enbuild.2014.05.004

[54] S., Chardon, B., Brangeon, E., Bozonnet, C., Inard, 2016, Construction cost and energy performance of single family houses: From integrated design to automated optimization, Autom. Constr. 70, pp. 1-13, doi:10.1016/j.autcon.2016.06.011

[55] A., Gupta, A., Cemesova, C.J., Hopfe, Y., Rezgui, T., Sweet, 2014, A conceptual framework to support solar PV simulation using an open-BIM data exchange standard, Autom. Constr. 37, pp. 166-181, doi:10.1016/j.autcon.2013.10.005

[56] J., Hernández, P., Martín Lerones, P., Bonsma, A., van Delft, R., Deighton, J.-D., Braun, 2018, An IFC Interoperability Framework for Self-Inspection Process in Buildings, Buildings. 8, 32. doi:10.3390/buildings8020032

[57] N., Čuš-Babič, D., Rebolj, M., Nekrep-Perc, P., Podbreznik, 2014, Supply-chain transparency within industrialized construction projects, Comput. Ind. 65, pp. 345-353, doi:10.1016/j.compind.2013.12.003

[58] J., Du, R., He, V., Sugumaran, 2016, Clustering and ontology-based information integration framework for surface subsidence risk mitigation in underground tunnels, Clust. Comput. 19, pp. 2001-2014. doi:10.1007/s10586-016-0631-4

[59] M.-K., Kim, J.C.P., Cheng, H., Sohn, C.-C., Chang, 2015, A framework for dimensional and surface quality assessment of precast concrete elements using BIM and 3D laser scanning, Autom. Constr. 49, pp. 225-238. doi:10.1016/j.autcon.2014.07.010

[60] E., Patti, A., Mollame, D., Erba, D., Dalmasso, A., Osello, E., Macii, A., Acquaviva, 2017, Information Modeling for Virtual and Augmented Reality, IT Prof. 19, pp. 52-60, doi:10.1109/MITP.2017.43

[61] B., Dave, S., Kubler, K., Främling, L., Koskela, 2016, Opportunities for enhanced lean construction management using Internet of Things standards, Autom. Constr. 61, pp. 86-97, doi:10.1016/j.autcon.2015.10.009

[62] T., Hartmann, R., Amor, E.W., East, 2017, Information Model Purposes in Building and Facility Design, J. Comput. Civ. Eng. 31, 04017054. doi:10.1061/(ASCE)CP.1943-5487.0000706

[63] H., Díaz, L.F., Alarcón, C., Mourgues, S., García, 2017, Multidisciplinary Design Optimization through process integration in the AEC industry: Strategies and challenges, Autom. Constr. 73, pp. 102-119. doi:10.1016/j.autcon.2016.09.007

[64] S., Fuchs, R.J., Scherer, 2017, Multimodels — Instant nD-modeling using original data, Autom. Constr. 75, pp. 22-32, doi:10.1016/j.autcon.2016.11.013

[65] A., Perisic, M., Lazic, B., Perisic, 2016, The Extensible Orchestration Framework approach to collaborative design in architectural, urban and construction engineering, Autom. Constr. 71, pp. 210-225. doi:10.1016/j.autcon.2016.08.005

[66] M., Niknam, S., Karshenas, 2017, A shared ontology approach to semantic representation of BIM data, Autom. Constr. 80, pp. 22-36, doi:10.1016/j.autcon.2017.03.013

[67] L., Qing, G., Tao, W.-J., Ping, 2014, Study on Building Lifecycle Information Management Platform Based on BIM, Res. J. Appl. Sci. Eng. Technol. 7, pp. 1-8. doi:10.19026/rjaset.7.212

[68] M., Das, J.C., Cheng, S.S., Kumar, 2015, Social BIMCloud: a distributed cloud-based BIM platform for object-based lifecycle information exchange, Vis. Eng. 3, doi:10.1186/s40327-015-0022-6

[69] A., Grilo, A., Zutshi, R., Jardim-Goncalves, A., Steiger-Garcao, 2013, Construction collaborative networks: the case study of a building information modelling-based office building project, Int. J. Comput. Integr. Manuf. 26, pp. 152-165, doi:10.1080/0951192X.2012.681918.

[70] P.R., Zekavat, S., Moon, L.E., 2014, Bernold, Securing a Wireless Site Network to Create a BIM-Allied Work-Front, Int. J. Adv. Robot. Syst. 11, p. 132, doi:10.5772/58441.

[71] B., Li, R., Lou, F., Segonds, F., Merienne, 2017, Multi-user interface for co-located real-time work with digital mock-up: a way to foster collaboration?, Int. J. Interact. Des. Manuf. IJIDeM. 11, pp. 609-621, doi:10.1007/s12008-016-0335-2

[72] J., Zhang, Q., Liu, Z., Hu, J., Lin, F., Yu, 2017, A multi-server information-sharing environment for cross-party collaboration on a private cloud, Autom. Constr. 81, pp. 180-195, doi:10.1016/j.autcon.2017.06.021

[73] K., Afsari, C., Eastman, D., Shelden, 2017, Building Information Modeling data interoperability for Cloud-based collaboration: Limitations and opportunities, Int. J. Archit. Comput. 15, pp. 187-202, doi:10.1177/1478077117731174

[74] K.U., Gökçe, H.U., Gökçe, P., Katranuschkov, 2013, IFC-Based Product Catalog Formalization for Software Interoperability in the Construction Management Domain, J. Comput. Civ. Eng. 27, pp. 36-50. doi:10.1061/(ASCE)CP.1943-5487.0000194

[75] I.J., Ramaji, A.M., Memari, 2018, Extending the current model view definition standards to support multi-storey modular building projects, Archit. Eng. Des. Manag. 14, pp. 158-176. doi:10.1080/17452007.2017.1386083

[76] Z., Xu, T., Huang, B., Li, H., Li, Q., Li, 2018, Developing an IFC-Based Database for Construction Quality Evaluation, Adv. Civ. Eng. pp. 1-22, doi:10.1155/2018/3946051

[77] M., Choi, S., Cho, J., Lim, H., Shin, Z., Li, J.J., Kim, 2018, Design framework for variable refrigerant flow systems with enhancement of interoperability between BIM and energy simulation, J. Mech. Sci. Technol. 32, pp. 6009-6019, doi:10.1007/s12206-018-1151-3

[78] K.P., Kim, K.S., Park, Delivering value for money with BIM-embedded housing refurbishment, (n.d.) 20, doi:10.1108/F-05-2017-0048

[79] L., Ding, X., Xu, 2014, Application of Cloud Storage on BIM Life-Cycle Management, Int. J. Adv. Robot. Syst. 11, p. 129, doi:10.5772/58443

[80] Y., Arayici, T., Fernando, V., Munoz, M., Bassanino, 2018, Interoperability specification development for integrated BIM use in performance based design, Autom. Constr. 85, pp. 167-181. doi:10.1016/j.autcon.2017.10.018

[81] G. Costa, L. Madrazo, 2015, Connecting building component catalogues with BIM models using semantic technologies: an application for precast concrete components, Autom. Constr. 57, pp. 239-248. doi:10.1016/j.autcon.2015.05.007

[82] A., Grilo, R., Jardim-Goncalves, 2013, Cloud-Marketplaces: Distributed e-procurement for the AEC sector, Adv. Eng. Inform. 27, pp. 160-172, doi:10.1016/j.aei.2012.10.004

[83] P., Veloso, G., Celani, R., Scheeren, 2018, From the generation of layouts to the production of construction documents: An application in the customization of apartment plans, Autom. Constr. 96, pp. 224-235, doi:10.1016/j.autcon.2018.09.013

CHAPITRE 2

Data interoperability for a Multi-scale model (BIM/CIM/LIM)

Elio Hbeich[1,2], Ana-Maria Roxin[1], Nicolas Bus[2]

[1] Université of Bourgogne Franche-Comté – Laboratoire d'informatique de Bourgogne

[2] Information System and Applications Division, CSTB, Sophia Antipolis 06560, France

e-mails : elio.hbeich@cstb.fr, ana-maria.roxin@u-bourgogne.fr, nicolas.bus@cstb.fr

Abstract

Compliance checking for building models, cities and territories involve formalizing a set of model schema knowledge and constraint. The objective of our study is to propose: an information model to federate heterogeneous data sources describing an urban area (building and building environment) along with a method for formally specifying of urban rules. The overall goal we pursue is to be able to query and to verify data against different regulations and/or requirements. The purpose of this article is to describe our approach for interoperability among different data sources (e.g. IFC, CityGML) thus creating a consistent description of an urban area.

Keywords

BIM, CIM, CityGML, IFC, GIS, Semantic interoperability, Federation

Résumé

La vérification de conformité des modèles de bâtiments, villes et territoires passe par la formalisation d'un ensemble de connaissances, de schémas de modèles et de contraintes. L'objectif de notre étude est de proposer : un modèle d'information permettant de fédérer des sources de données hétérogènes décrivant une zone urbaine (bâtiment, quartier, etc.) et une méthode de formalisation des règles urbaines, afin de pouvoir effectuer l'interrogation et la vérification des données au regard de différentes exigences règlementaires. Le but de cet article est de proposer une approche qui permet d'implémenter une interopérabilité entre les différentes sources de données (ex. IFC, CityGML), dans le but de créer une description cohérente d'une zone urbaine.

Mots-clefs

BIM, CIM, CityGML, IFC, SIG, Interopérabilité sémantique, Fédération

Introduction

In the last years, a growing demand for modelling man-made, natural and built environment has been noticed. This is mainly drawn by the need for merging outdoor and indoor applications according to different use cases such as visualization or applications related to crises, planning, construction, 3D cadaster, etc. Several attempts have been observed lately to design methods and tools integrating GIS and BIM models [1, 2].

BIM stands for "Building Information Modelling". "Building" here is rather generic, going beyond what one would consider a building, including infrastructure elements such as roads, tunnels, bridges, etc. BIM is a combination of processes and methods along with a 3D parametric digital model. BIM aims at supporting sharing reliable information throughout the lifecycle of the considered built element, from design to demolition. Such digital model is a representation of the physical and functional characteristics of the built element (building or infrastructure). Thus, BIM allows specifying who does what, how and when, in the context of a construction project. The scale associated with such BIM projects and related specification of exchanges among actors usually corresponds to the built element itself, without necessarily including it into a bigger city, region or wide scale.

When considering a broader perspective, notably the city and the regional levels, additional approaches exist. We can mention CIM that stands for "City Information Modelling" and relies on a 3D urban model containing the various elements of a city such as buildings, roads and public spaces, streetlights, etc. Moving up to the level of a geographical area, one has LIM that stands for "Landscape Information Model". In another word by expanding the GIS coverage we can create a multiscale digital model that can cover a building, district, city, region, etc.

When considering an information model spanning over several of these perspectives (building, city, region), such model should allow representing the essential nature of the built and natural world as digital information models, which can then support various types of machine-driven computational processes to simulate, analyse, design, manage, understand, assess, test, evaluate the real world. The vision presented here of this digital twin for the environment (be it built or natural) poses several challenges to the existing BIM, CIM and GIS approaches, notably in terms of accuracy when loading objects on large sites, linking different complex objects, information about the surrounding landscape, spatial querying, etc. With respect to this, in the paper at hand, we present an approach for federating BIM and GIS worlds, with the aim to establish a consistent knowledge model of natural and built environment. The approach presented here answers the interoperability gap as identified by several factors such as international standardization organisations (e.g. ISO launching a Joint Working Group on BIM/GIS interoperability), industrial actors (e.g. Autodesk and ESRI collaboration around Project Information Modelling[1]), etc. Such interoperability problem is usually depicted between oriented object data formats (e.g. IFC) and geometrical data formats (e.g. CityGML). Following this separation, our article first introduces the data exchange approaches as done in BIM and in GIS. Section 3 further discusses concepts of interoperability and presents the standard approaches that can be used to implement it. Section 4 presents our proposal for implementing semantic interoperability among the BIM and GIS domains. We conclude this paper with a discussion about the advantages related to our approach, along with the future work needed.

1.   Modelling Language Concept

When considering GIS, information modelling is done according to the ISO 19100 series of standards, defining the so-called General Feature Model [3] with respect to the UML (ISO 19505) approach for modelling. On the other hand, when considering IFC, the information model is object-oriented and based on the EXPRESS approach (ISO 10303-11). As there are several fundamental differences between information modelling in ISO 191xx standard family and in ISO 10303, this section focuses on highlighting them.

1.1.   Information modelling with in BIM

IFC is an object-oriented open standard initiated by buildingSMART in 1994. It has now become a formally registered international standard as ISO 16739:2013, and represents the BIM data exchange standard. According to [4] IFC (ISO 16739-1), data is structured according to the EXPRESS specification (see Figure 1). Thus the structure of IFC comprises four different schema levels, as illustrated by Figure 2. These four layers define the overall EXPRESS Schema and are fully described in the IFC standard. While the lower layer contains abstract schemas for resources as involved in BIM projects (e.g. date and time, topology, geometry, costs), the core layer is limited to the definition of IFC basic concepts namely the IfcKernel schema and the core extensions schemas (e.g. IfcControlExtension[2], IfcProductExtension[3] and IfcProcessExtension[4]). Elements defined according to the core layer schemas can be further extended and referenced by schemas from the shared element layer, which contains elements as required for interoperability with additional services or domains (e.g. facility management, building services). Finally, the top layer contains domain specific data schemas

---

1   http://www.infrastructure-reimagined.com/bim-and-gis-transformation/
2   http://www.buildingsmart-tech.org/ifc/IFC2x4/rc2/html/schema/ifccontrolextension/content.htm.
3   http://www.buildingsmart-tech.org/ifc/IFC2x4/rc2/html/schema/ifcproductextension/content.htm.
4   http://www.buildingsmart-tech.org/ifc/IFC2x4/rc2/html/schema/ifcprocessextension/content.htm.

representing entities as specialized according to industry discipline. These entities are "self-contained and cannot be referenced by any other layer[1]".

IFC supports a wide range of geometric representations [6] (Boundary Representation (BRep) (Figure 2 a), Swept Solid (Figure 2 b), and Constructive Solid Geometry (CSG) (Figure 2 c)) as well as rich semantic information: such as owner information, modification history of model, and cost and schedule of building components. BIM models based on IFC could be used in various phases of the construction, such as in feasibility studies, tendering [7], code checking [8], and operation management [9]. In addition, IFC file have several format: .ifc, .ifcXML, .ifcZIP, .ifcSTEP, .ifcOWL. For example, an .ifc file can use the STEP serialization, as specified by ISO 10303-21 [10]. This is the most common exchange format used is illustrated in (Figure 2 d).

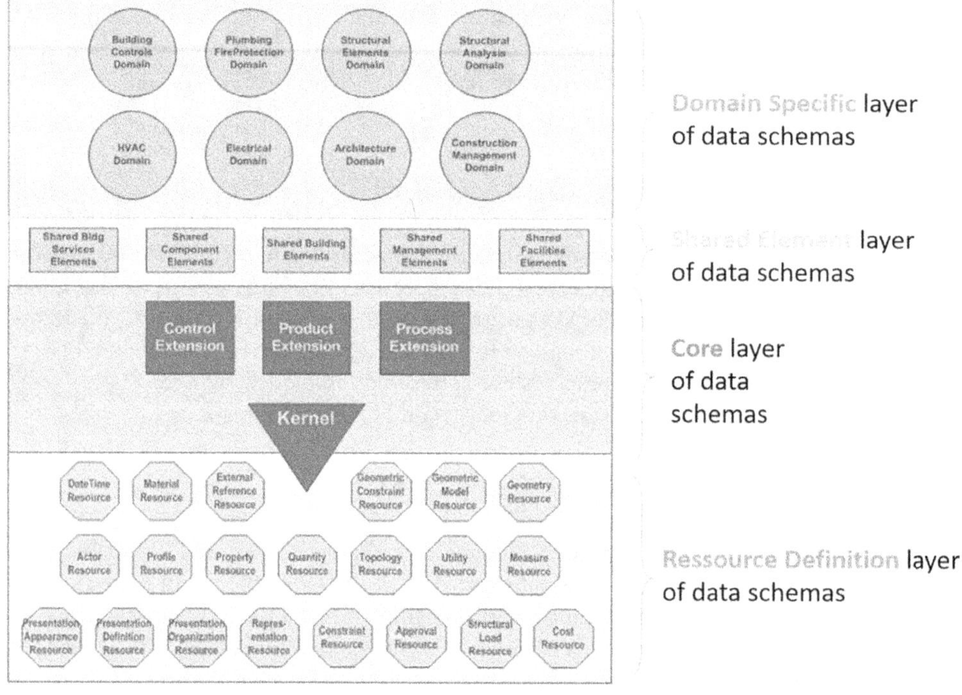

Figure 1. The four layers of data schemas as described in the IFC standard (ISO 16739-1) [4] and modelled in the EXPRESS Schema (ISO 10303-11) [5]

---

1 http://www.buildingsmart-tech.org/ifc/IFC2x4/rc2/html/schema/chapter-7.htm.

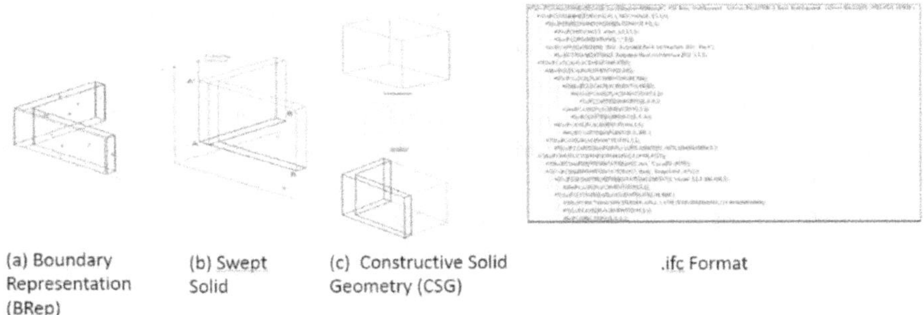

(a) Boundary Representation (BRep)

(b) Swept Solid

(c) Constructive Solid Geometry (CSG)

.ifc Format

Figure 2. IFC geometrical representation and STEP .ifc serialization

1.2. Information modelling in GIS

A "geographic information system" (GIS) is a computer-based tool that allows you to create, manipulate, analyze, store and display information based on its location. GIS makes it possible to integrate different types of geographic information, such as digital maps, aerial photographs, satellite images and global positioning system data (GPS), along with associated tabular data base information (e.g. attributes). For example, GIS can help in answering questions such as: What exists at a given location? Where does some event occur? GIS allows one to examine and analyze geographic information at different levels of detail or from different perspectives. Then, it enables you to customize the display of your maps and analyses for presentation to particular audiences [11] (Figure 3 a). In addition, Geographical features are often stored in Raster or in Vector format. There are numerous formats available for both raster and vector data. It is necessary to consider the file format of GIS data because software programs rarely support all file types. Example of Raster GIS file format: ADRG, binary file, digital raster graphic (DRG), etc. Example of vector GIS file format: GeoJSON, DGN, Keyhole Markup Language (KML), MapInfo TAB format, Shapefile (Figure 3 b) [12]. One of the most GIS used tools is City Geography Markup Language (CityGML). It defines basic entities, attributes, and relations present in a 3D city model. It is an Open Data model based on XML for storage and exchange of 3D city models. A CityGML model thus contains a description of urban elements and components [33].

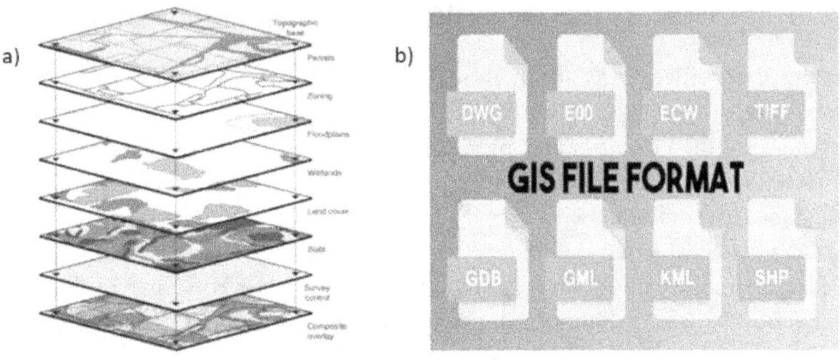

Figure 3. GIS information (a) and format (b)

When considering geographic information, the ISO 191xx standard family is concerned. Based on model-driven architecture (see Figure 4), each ISO standard in this family specifies a different level of abstraction. The ISO 19103 UML (Unified Modelling Language) [13] profile along with the ISO 19109 GFM (General Feature Model) [14] represent the two meta-models. Thus, while in the BIM domain, information is modelled according to the EXPRESS schema, in GIS information is modelled according to UML and GFM, following four main levels of abstraction as depicted in Figure 4.

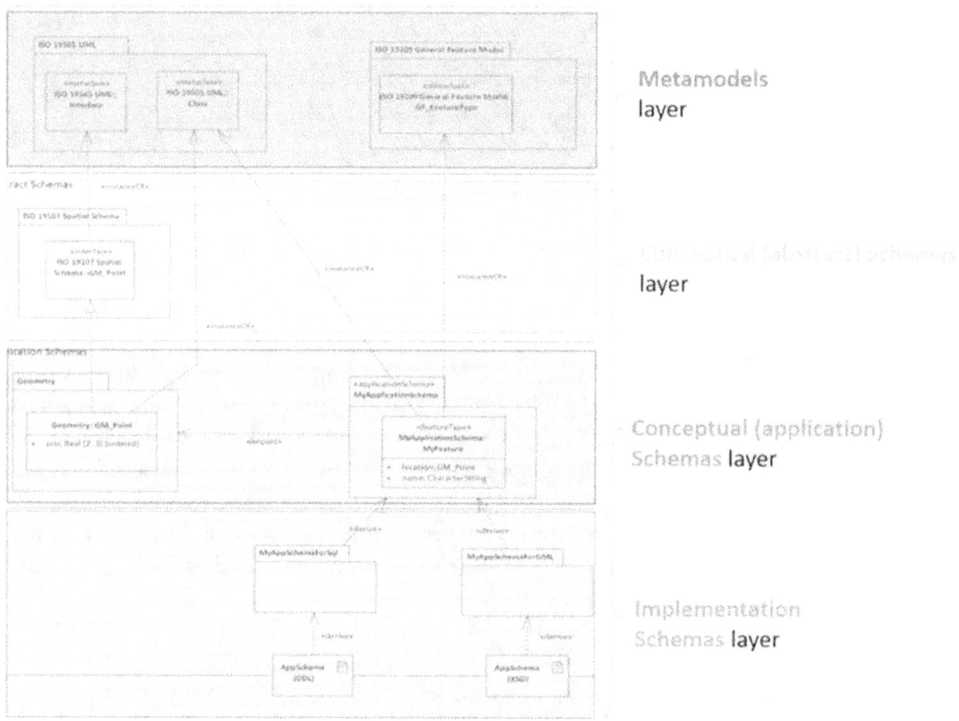

Figure 4. Layers of abstraction as defined by ISO/TC 211 (ISO 19103)

1.3. Comparison of the two modelling approaches

Given the above considerations about modelling approaches as standardized for BIM and GIS, a consistent modelling of BIM&GIS information would require defining rules and constraints aligning the concepts and models used in each domain. Notably, the IFC Core data schemas layer could be aligned with the Meta model layer in ISO 19103, while the Conceptual (abstract) schemas layer in ISO 19103 could be aligned with IFC Resource Definition data schemas layer (see Figure 5). According to these remarks, when aiming at BIM/GIS interoperability, modelling approaches as used in the BIM and in the GIS domain could be somehow linked or connected, notably by means of semantic vocabularies such as ontologies. Next section discusses standard approaches and levels existing for achieving interoperability.

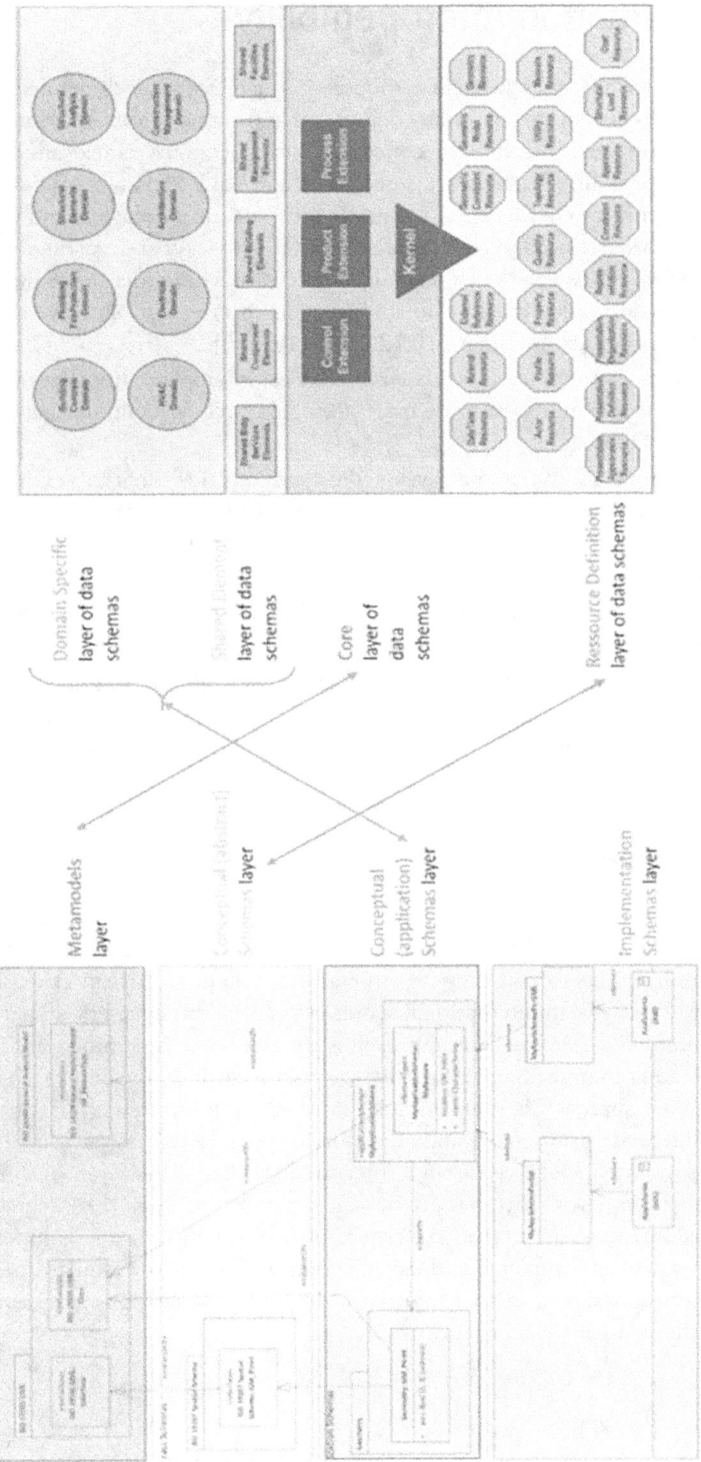

Figure 5. Potential links among the layers of the information models considered

2.   Information Interoperability

Enterprise interoperability as an engineering discipline is not yet well defined; interoperability is still a vague concept that has many definitions and connotations in different sectors and domains. Thus, we need to define the concept of interoperability as relevant to our research problem. Interoperability barriers are numerous, and ISO 11354-1:2011 identifies three categories of interoperability barriers, namely: conceptual, technological and organizational. Interoperability barriers need to be categorized in standard ways and existing interoperability knowledge and solutions need to be related to these barriers in order to facilitate interoperability in design and implementation for industry. In computer science, we have 3 levels of interoperability as defined by IEEE 610.12-1990 [15] [16]:

- physical interoperability level: is related to physical interoperability. The solution to establish such interoperability, is to use basic protocols, such as computer network protocols (e.g. TCP, IP, Ethernet, etc.);

- syntactic interoperability: can be developed using syntactic formats, to exchange data such level of interoperability is achieved in the context of BIM through the IFC data exchange standard and in the context of GIS with the GML (Geography Markup language) approach;

- semantic – semantic interoperability can be achieved at 3 different levels: minimal (RDF), extended (RDFS) and full (OWL family)

When considering implementing full semantic interoperability, ontologies alone do not allow reaching it and they augment heterogeneity. Thus we have to consider coupling/linking/mapping existing ontology models. The issue thus becomes how to do so. Well, ISO 14258 defines 3 ways: federation, integration, unification [17] [18] (see Figure 6).

2.1.   Integrated approach

Developing interoperability through an Integrated Approach means that there exists a common format for all models. Diverse models are built and interpreted using/against the common template. This format must be as detailed as the models themselves. The common format is not necessarily an international standard but must be agreed by all parties to elaborate models and build systems. This approach is suitable when designing and implementing new systems rather than reengineering existing systems for interoperability. To some extent, the reengineering approach is more adapted to developing intra enterprise interoperability rather than inter enterprise one. Standardization at system level (not at Meta level) is a key issue to develop interoperability through integrated approach. However, in some areas such as for example enterprise model, mature standards are still missing. The integrated approach ensures the global consistency and coherence of the system. Various components of the system are designed and implemented using a common format (or standard) so that interoperability is seen as designed-in quality. Interoperation between various parts can be obtained "a priori" without any interfacing effort [19].

2.2.   Unified approach

It means there is a common format but it only exists at the meta-model level. This format is not an executable entity as it is the case in integrated approach. Instead it provides a mean for semantic equivalence to allow mapping between models and applications. Using the Meta-model, a translation between the constituent models is possible even though they might encounter loss of some semantics or information. Most of research results developed in the domain of interoperability adopted the unified approach. For example, UEML (Unified Enterprise Modelling Language) aims at defining a neutral format at meta-model level to allow mapping between enterprise models and tools. The STEP initiative elaborated in ISO TC184 SC4 also defined a neutral product data format at meta-model level to allow various product data models exchanging product information. The unified approach is particularly suitable for developing interoperability for collaborative or networked enterprises. To be interoperable with networked partners, a new company just needs to map its own model/system to the neutral meta-format without the necessity to make changes on its own model/system. This approach presents the advantage to the integrated approach because of reduced efforts, time and cost in implementation [19].

2.3.   Federated approach

Using the federated approach implies that no partner imposes their models, languages, and methods of work. This means that they must share an ontology. The federated approach can also make use of meta-models for mapping between diverse models/systems. The difference to unified approach is that this meta-model is not a pre-defined one but established "dynamically" through negotiation. Consequently, this approach is more suitable to "Peer-to-Peer" situations rather than the cases mentioned in the unified approach. It is particularly adapted to Virtual Enterprises where diverse companies joint their resources and knowledge to manufacture a product with a limited duration. Using the federated approach to develop enterprise interoperability is most challenging and little activity has been performed in this direction. The main research area is the development of a "mapping factory" which can generate on-demand customized AAA (Anybody-Anywhere-Anytime) mapping agents among existing systems. It is worth noting that specific support for the federated approach is seen in entity profiles, which identify particular entity characteristics and properties relevant for interoperation [19].

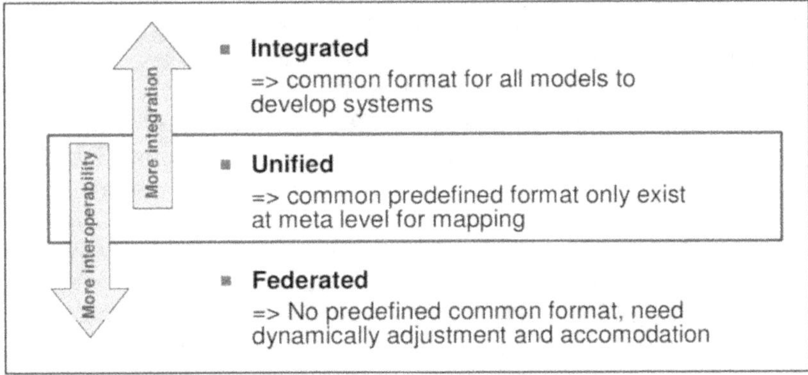

Figure 6. Standard approaches to achieve interoperability [19]

2.4. Conclusion

The choice depends on the context and requirements. If the need for interoperability comes from a merger of enterprises, the integrated approach seems to be the most adapted one. In this case, there is only one common format for all partners, and all models are built and interpreted according to this one. If the need for interoperability concerns a long term based collaboration, the unified approach seems a possible solution. For that, a common meta-model across partners' models provides a means for establishing semantic equivalence allowing mapping between diverse models. Finally, for a need of interoperability originated from the short-term collaboration project, the federated approach can be used. To interoperate partners must dynamically adapt to achieve an agreement. All the three approaches allow developing interoperability between enterprises systems. In [20] federation itself can be further strong-coupled (links are explicitly and formally defined at the level of the ontologies themselves, and the sum of all links is an integrated ontology) or light-coupled (no global ontology defined, higher degree of adaptability – problem: today's approaches do not take into consideration schema heterogeneity, and only define concept level mappings). Thus we'd like to explore federation, and federation addressing schema heterogeneity. So we consider two future axis for work – horizontal federation, and vertical federation.

3. BIM/GIS interoperability

As concluded in the previous section we are going to use federate approach to build the operability between BIM and GIS because no partner imposes their models, language or methods, plus the ability to map between diverse models/systems and finally the meta-model is not a pre-defined one but established "dynamically" through negotiation. To be able to do so we need to convert IFC, CityGML and GIS to Resource Description Framework (RDF).

3.1. IFC-to-RDF

[21] [22] [23] introduce the process providing a semantic model from the IFC schema by using an IFC-to-RDF-Converter to get a semantic repository. They apply filtration (geometrical and semantic pre-processor) to get an RDF equivalent compact triplet. Over these triples, they build a high-level vocabulary by using SPARQL rules (e.g., highest store concept) and SWRL. [24] mention an approach to simplify ifcOWL building data by releasing of geometrical and (re)presentation data, and correct mapping of IFCRelationship. [25] proposed another version of the ifcOWL ontology that contains two main changes: first the EXPRESS collections (e.g. LIST) are mapped as OWL properties, second the ifcOWL ontology is simplified, as IFC defined types are not directly converted into OWL classes. This approach presents the following advantages: it facilitates the data access and improves the query execution time since we have fewer triples to match and the ontology has a fewer class than the buildingSMART IFCOWL. In [26], authors present the IfcWoD (Web of Data) ontology that correctly adapts the IFC relationships and property sets into OWL, without applying direct mapping of all EXPRESS constructs. ifcOWL is used as a meta-model for IfcWoD, without redefining all concepts and relationships. This approach presents multiple advantages such as enhance reasoning and easier query writing and relation understanding which contributes to better performances. Authors from [27]used a Java program based on

Apache Jena libraries for automatically translating IFC to RDF, and generating a mapping between the so-generated IFC ontology and the CityGML 2.0 ontology.

3.2.   CityGML-to-RDF

[27] have developed a Geotools API for translating CityGML to RDF (http://docs.geotools. org/latest/javadocs/), and generate a mapping between IFC ontology and CityGML ontology. Authors from [19] propose that the UML diagram of the transportation model of CityGML can be translated into the OWL language with the ontology editor Protégé. The UML classes and relations of CityGML can be directly translated into OWL classes and properties. The attributes can be either translated into datatype properties or object properties. The cardinality restrictions can be represented by formulas in descriptive logic. In [28] authors define the ontology of CityGML as the following: UML classes will be translated into concepts, associations/roles will be translated into semantic relations; association, cardinalities will be expressed as restrictions relatively to relations, aggregation/composition will be expressed "as part" of links, generalisation will be expressed as "is a" links, UML attributes will be translated either into concepts attributes or into relations between concepts.

3.3.   GIS-to RDF

In [29], authors introduce TripleGeo, an open-source ETL utility that can extract geospatial features from various sources and transform them into triples for subsequent loading into RDF stores. The author aims to bridge the gap between typical geographic representations from a variety of proprietary files and the geo-reference system with the demand of geospatially-enabled RDF store. TripleGeo provide multiple advantages such as: Directly access the geographic formats (oracle, PostGIS, shape files), Recognize many geometric data types (points, line-strings, multi-line-strings, polygons, multi-polygons), extract thematic attributes (identifiers, names, types, etc.), Allow on-the-fly projection between coordinate reference systems, export triples into various notations (RDF/XML, TTL, etc.). In [30] the authors present GeomRDF, as a tool that helps users to convert spatial data from traditional GIS formats to RDF model easily. It generates geometries represented as GeoSPARQL WKT literal but also as structured geometries that can be exploited by using only the RDF query language.

3.4.   FOWLA approach

Federated architecture for ontologies (FOWLA) is defined as an architecture based on autonomous ontologies (including TBox and ABox) with sharing described as a rule-based format controlled by inference mechanisms (e.g. SWRL). The architecture contains two main components: The Federal Descriptor (FD) and the Federal Controller (FC). FD component is responsible for describing ontology alignments, and the FC model is executed at query time and allows exchanging data among ontologies according to the FD alignments. The main contribution of FOWLA architecture to interoperate numerous ontologies. This proposal provides several advantages: it allows for inferring new ontology alignments, it avoids data redundancy, it allows for modularizing the maintainability, through preserving the autonomy among ontology-based systems, it allows for querying with vocabulary terms issued from different ontologies and it improves the query execution time [31].

3.5.   Contextual Levels Approach

[32] presents a modelling process which built the ontology and define the context and the mechanism of Contextual Levels of details that aim at improving the management level of data. The ontology is based on C-DMF (Contextual Model Framework and Data Model Framework) the SIGA3A extends C-DMF to defined new relational items and resources for the geographic world. The model data Framework aims to define a data model. It can model semantic information as well as geometric and spatial-temporal entities. CMD consists in defining a context for the DMF graphs to simplify the management of the evolution of integrated information. This approach is a crossroads between building modeling and geographic information system, where a model is created for all information in the city, including urban proxy element, network, building, etc. into an ontology.

3.6.   Conclusion

In this section we have present the previous work done to transform IFC, CityGML and GIS into RDF. In addition, we have introduced FOWLA, and contextual level that have mapped and combine different ontologies. As we aim at BIM/GIS interoperability, modelling approaches of these different domain could be linked or connected, notably by means of semantic vocabularies such as ontologies. The section 4.1, 4.2, 4.3, 4.4, and 4.5 could be used to helps us in our work but doesn't solve the interoperability between BIM and GIS.

4.   Regulation for compliance checking

As we have transformed information model to RDF and federated them into one meta model. Local Urban Plain (PLU) defines the urban planning rules, the different zones and the architectural prescriptions. A conversion of textual regulation to SPARQL is needed to query, and check the information contained in the generated meta model. As, PLU is divided to multiple level (Area, zone, district, construction rule) and the Meta-model contain multiple LOD. We aim to create a textTordf conversion method and an alignment between each PLU level and LOD.

5.   Future Work

When considering a more global semantic interoperability between BIM and GIS domains, one has to take into consideration what specific use case is addressed. Reaching semantic interoperability between GIS and BIM would imply considering coupling several approaches: first an alignment or mapping should be defined for the different syntactical standards (data formats) as used in the two domains, and the second one could investigate coupling the models behind EXPRESS and GFM through model federation. By achieving BIM and GIS interoperability and aligning meta-model LOD to regulation level we can navigate between different levels (BIM, CIM, LIM) while conserving semantic and geometric information and applying SPARDL query representing regulation (building, city regulation, etc.) on multiple scale to enable the compliance checking of different objects.

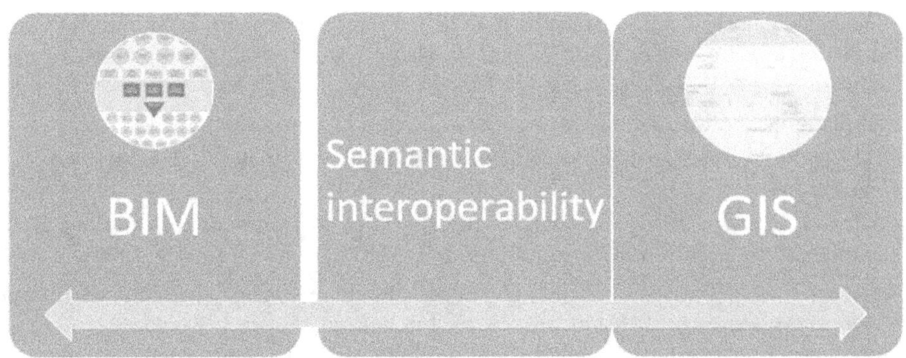

Figure 7. Mapping between BIM and GIS through semantic interoperability

Conclusion

In our future work, we aim at creating a multi-scale digital mode (building, district, city, and region) combining GIS and BIM features and relying on Semantic Web technologies for semantic interoperability between the different components. In our approach, we do not seek to merge BIM and GIS, neither to promote one over the other. As discussed in previous sections, when considering model-driven approaches for interoperability, one can do model union, model fusion, or model federation. As a first approach we will investigate a federation approach, and consider tow axis for such federation: a) Horizontal federation will be implemented by defining semantic links among terms/concepts in different ontologies/vocabularies from the domains considered (Ontologies for BIM ontologies for GIS), b) Vertical federation will be addressed by conceiving a meta-model for BIM/GIS. Such meta-model will provide the means necessary to switch between different levels of abstraction.

Bibliography

1. Is construction industry ready for City Information Modeling? Available at: https://www.geospatialworld.net/blogs/is-construction-industry-ready-for-city-information-modeling/

2. Le BIM: Signification, définition et explications. Available at: http://www.objectif-bim.com/index.php/bim-maquette-numerique/le-bim-en-bref/la-definition-du-bim. (Accessed: 18th January 2019)

3. ISO 19100: commission for basic systems information and services interprogramme task team on the future WMO information system, Geneva, (2004)

4. ISO 16739: industry Foundation (IFC) for data sharing in the construction and facilities management. (2013)

5. ISO 10303: Industrial automation systems and integration — Product data representation and exchange — Part 11: Description methods: The EXPRESS language reference manual. (2004)

6. Deng, Y., Cheng, J. C. P., Anumba, C., 2016, Mapping between BIM and 3D GIS in different levels of detail using schema mediation and instance comparison. Autom. Constr. 67, pp. 1-21

7. Zhiliang, M., Zhenhua, W., Wu, S., Zhe, L., 2011, Application and extension of the IFC standard in construction cost estimating for tendering in China. Autom. Constr. 20, pp. 196-204

8. Pauwels, P. et al., 2011, A semantic rule checking environment for building performance checking, Autom. Constr, 20, pp. 506-518

9. Hassanain, M., Froese, T., Vanier, D., 2001, Development of a maintenance management model based on IAI standards, Artif. Intell. Eng. 15, pp. 177-193

10. ISO 10303: Industrial automation systems and integration – Product data representation and exchange – Part 21: Implementation methods: Clear text encoding of the exchange structure (2016)

11. Sahoo, P. M., 2017, Introduction to Geographic Information System, p. 10

12. List of Common GIS file format | Spatial Post. Available at: https://www.spatialpost.com/list-common-gis-file-format/ (Accessed: 18th January 2019)

13. ISO 19103: Geographic information - conceptual schema language (2015)

14. ISO 19109: Geographic information- rules for application schema (2015)

15. IEEE Standard Glossary of Software Engineering Terminology (1990)

16. Vaughan, M. C., 2001, SC4 Industrial Data Framework, p. 102

17. ISO 14258: Industrial Automation Systems- concepts and rules for enterprise models. (1998).

18. Kubicek, H., Cimander, R., Scholl, H. J., 2011, « Layers of Interoperability », Organizational Interoperability in E-Government, Springer Berlin Heidelberg, pp. 85-96, doi:10.1007/978-3-642-22502-4_7

19. Métral, C., Billen, R., Cutting-Decelle, A.-F., van Ruymbeke, M., 2010, Ontology-based approached for improving the interoperability between 3D urban models, p. 16

20. Panetto, H., Cecil, J., 2013, Information systems for enterprise integration, interoperability and networking: theory and applications, Enterp. Inf. Syst. 7, pp. 1-6

21. Fahad, M., Bus, N., Fies, B., Andrieux, F., 2018, Conformance Checking of IFC Models with the Extensions in the MvdXML Checker. p. 7

22. Fahad, M., Bus, N., Fies, B., 2018, Semantic BIM Reasoner for the verification of IFC Models, p. 8

23. Bus, N., Fahad, M., Fies, B., Roxin, A. (2018) Semantic topological querying for compliance checking, p. 7

24. Pauwels, P., Roxin, A., 2016, SimpleBIM: From full ifcOWL graphs to simplified building graphs, p. 8

25. Roxin, A., de Farias, T.M., 2014, A Rule Based System for Semantical Enrichment of Building Information Exchange, vol-1211, p. 2

26. de Farias, T. M., Roxin, A.-M., Nicolle, C., 2015, IfcWoD,Semantically Adapting IFC Model Relations into OWL Properties, p. 13

27. Zalamea, O., Orshoven, J. V., Steenberghen, T., 2016, From a CityGML to an ontology-based approach to support preventive conservation of built cultural heritage, p. 5

28. Falquet, G., Ghoula, N., Métral, C., 2009, Towards semantically enriched 3D city models an ontology-based approach, p. 6

29. Patroumpas, K., Alexakis, M., Giannopoulos, G., Athanasiou, S., 2017, TripleGeo: an ETL Tool for Transforming Geospatial Data into RDF Triples, p. 4

30. Hamdi, F., Abadie, N., Bucher, B., Feliachi, A., 2015, GeomRDF: A Geodata Converter with a Fine-Grained Structured Representation of Geometry in the Web, p. 12

31. De Farias, T. M., Roxin, A., Nicolle, C., FOWLA, 2015, « A Federated Architecture for Ontologies », Rule Technologies: Foundations, Tools, and Applications, Bassiliades, N., Gottlob, G., Sadri, F., Paschke, A., Roman, D., 9202, pp. 97-111

32. Mignard, C., Nicolle, C., 2014, Merging BIM and GIS using ontologies application to urban facility management in ACTIVe3D, Comput. Ind. 65, pp. 1276-1290

33. Gröger, G., Kolbe, T. H., Nagel, C., Häfele, K.-H., 2012, OGC City Geography Markup Language (CityGML) En- coding Standard, 344, p. 11

CHAPITRE 3

Vocabulaires de données liées pour le BIM

Ana-Maria Roxin[1]

[1] Univ. Bourgogne Franche-Comté – Laboratoire Informatique de Bourgogne (LIB EA7534)

e-mail : ana-maria.roxin@ubfc.fr

Abstract

Given the high interest in the field of BIM (Building Information Modeling) for Linked Data approaches over the last years, the article at hand presents an evaluation of the main Linked Data vocabularies available for the considered domain. First, Semantic Web layer architecture is presented, along with the four main principles of Linked Data. Second, each vocabulary is evaluated according to these four principles, while two additional ones are added in order to assess the licence associated with the vocabulary (open or not, specified or missing). An overall comparison among the considered vocabularies is also provided, thus helping in choosing which vocabulary to use in future Linked Data applications.

Keywords

BIM, Linked Data, Semantic Web, vocabularies

Résumé

Dans le domaine du BIM (Building Information Modeling), l'intérêt pour les approches dites des « données liées » a grandement augmenté durant les dernières années. Après une brève présentation des technologies du Web sémantique et des quatre principes des données liées, sont évalués plusieurs vocabulaires de données liées, sélectionnés pour leur pertinence pour le domaine du BIM. Ces vocabulaires sont évalués selon les quatre principes des données liées, plus deux principes supplémentaires ajoutés par l'auteur afin de refléter les éléments de licence tels qu'associés au vocabulaire (e.g. licence ouverte ou pas, spécifiée ou pas). L'article fournit une comparaison entre ces différents vocabulaires, afin d'aider dans le choix d'utiliser tel ou tel vocabulaire dans de futures applications de données liées dans un contexte BIM.

Mots-clefs

BIM, données liées, Web sémantique, vocabulaires

Introduction

La dématérialisation de l'ensemble des données et des processus dans le domaine du bâtiment est un enjeu mondial depuis la dernière décennie. L'idée est de pouvoir représenter de manière homogène l'ensemble des données produites tout au long du cycle de vie d'un bâtiment, et que chaque acteur puisse les utiliser et les enrichir. Or, un grand nombre d'acteurs est impliqué dans la conception, la réalisation et l'exploitation d'un ouvrage. Chaque acteur est responsable de la création d'une partie de l'information concernant l'ouvrage et utilise une partie de l'information produite par d'autres comme donnée d'entrée nécessaire à l'exécution de sa tâche. Afin de répondre à ce besoin, l'approche BIM s'est imposée en tant que standard international.

Lorsque l'on cherche à définir le BIM, de nombreuses définitions apparaissent (Volk et al. 2014). Pour la suite des discussions, je vais reprendre la définition donnée par l'ISO, à savoir le BIM concerne l'utilisation d'une « représentation numérique partagée d'un objet construit (comprenant bâtiments, ponts, routes, usines, etc.) pour faciliter les processus de conception, de construction et d'exploitation et former une base fiable permettant les prises de décision » (ISO29481-1 2016). Le BIM est d'abord un modèle entités-relations (approche objet, relations, attributs) décrivant les données échangées remplaçant le traditionnel paquet de documents (plans et pièces écrites). Outre la disponibilité de nouvelles possibilités de visualisation de la géométrie, l'objectif est aussi de déléguer à la machine une partie des contrôles de cohérence des données échangées. On ne décrit plus des documents, dont la coordination est à la charge de l'utilisateur, mais des composants du produit final. On complète aussi le modèle avec les « non-dits » que l'humain sait traiter, en rajoutant de la sémantique et des relations entre les entités. Ceci laisse présager une hétérogénéité au niveau des données, des processus, des acteurs ainsi que des systèmes.

Par rapport à ces considérations, le principal verrou auquel le monde du BIM doit faire face est constitué par l'interopérabilité sémantique (De Farias et al, 2016). Plusieurs approches ont investigué l'utilité des technologies dites du Web sémantique dans un contexte BIM (De

Farias et al, 2014 ; De Farias et al, 2018) et aussi pour augmenter l'interopérabilité sémantique entre systèmes experts du domaine. Toutefois, peu d'approches se basent sur la réutilisation de vocabulaires standards existants et proposent la création de nouvelles ontologies, ce qui réduit l'interopérabilité sémantique entre approches et systèmes. Au travers de cet article, il s'agit de lister et caractériser les différents vocabulaires de données liées standard et ce par rapport aux quatre principes sous-jacents. L'idée est de pouvoir identifier les vocabulaires qui respectent ces principes, mais aussi de pouvoir quantifier dans quelle mesure ces principes sont respectés par les vocabulaires existants et identifier les principes les moins respectés. Enfin, cet article propose l'ajout d'un nouveau principe, à savoir la définition explicite de métadonnées de licence ou de renonciation à des licences.

Le présent article commencera donc par un rappel des concepts théoriques nécessaires à la compréhension du contexte de recherche dans lequel on se place. Il s'agira notamment de rappeler la vision du Web sémantique, les principes des données liées, puis de présenter les différents niveaux d'interopérabilité. Enfin, sur la base de ces éléments, la section 3 présentera d'abord la trame utilisée pour l'analyse technique des différents vocabulaires de données liées, puis les évaluera selon cette trame.

1.   Rappels théoriques

Le principal but du Web sémantique est de se construire, au-dessus du Web actuel (ou Web syntaxique), afin de conférer à chaque donnée un sens bien défini, pouvant être interprété par un ordinateur. Plusieurs standards et approches constituent l'architecture en couches du Web sémantique (voir Figure 1).

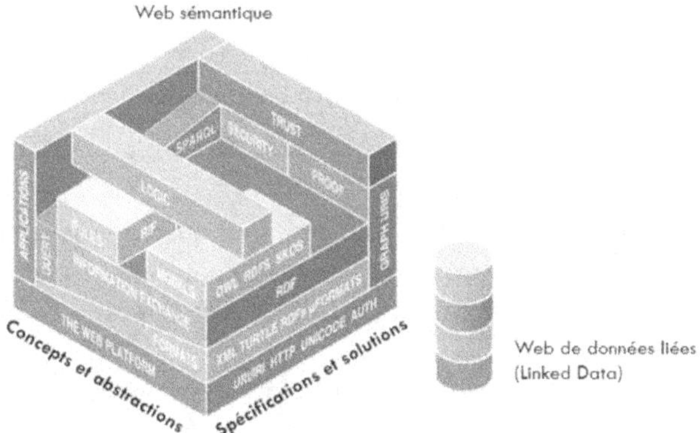

Figure 1. Architecture en couches du Web sémantique

Dans la figure ci-dessus, la couche inférieure correspond à la couche identification des ressources. Elle contient les mécanismes de référencement (URI) et d'encodage des caractères (Unicode). La deuxième couche introduit le langage XML en tant que format de sérialisation standard. La troisième couche représente la couche « échange d'informations ». Elle définit le modèle de données RDF (*Ressource Description Framework*) comme modèle standard pour la description des données (Hayes *et al.*, 2014). La couche au-dessus représente la couche des langages pouvant être utilisés pour définir des modèles ontologiques, à savoir RDF Schema, OWL (*Web Ontology Language*) et SKOS (*Simple Knowledge Organisation System*). Ces langages n'ont pas la même expressivité, et c'est à ce niveau que je place la séparation entre « données liées » et « Web sémantique » au sens large. Je vais reprendre les constatations du W3C, selon lesquelles les données liées reposent sur des vocabulaires contrôlés (définis en utilisant RDFS), alors que les applications sémantiques vont nécessiter la conception de modèles ontologiques plus complexes (définis à l'aide de la famille des langages OWL 1 et OWL 2). La couche « Requête » introduit le langage SPARQL (*SPARQL Protocol and RDF Query Language*). La couche « Logique » introduit les langages de définition de règles logiques tels que SWRL (Horrocks *et al.*, 2004).

Suivant l'architecture illustrée ci-dessus (Figure 1), les données liées n'utilisent pas l'ensemble des technologies du Web sémantique. Considérée par certains comme une application du Web sémantique, l'approche dite des « données liées » (ou *Linked Data*) représente un sous-ensemble des principes et des technologies du Web sémantique visant le partage et la réutilisation des données à l'échelle du Web.

Les principes des données liées ont été définis par Tim Berners-Lee dans (Berners-Lee, 2010). Cette approche se base sur l'architecture actuelle du Web et l'étend afin de permettre l'implémentation de raccourcis calculatoires en exploitant la structuration et l'interconnexion des différents ensembles de données implémentant ces principes. L'idée sous-jacente est de relier des silos de données isolés en un graphe global géant. Afin de mieux comprendre les principes des données liées, nous allons faire un bref rappel des principes de l'architecture du Web actuel.

Tableau 1. Comparatif des différents mécanismes utilisés par le Web syntaxique et le Web de données

Mécanisme pour...	Web syntaxique	Web des données liées
Identifier les ressources	URI (Uniform Resource Identifier)	URI
Accéder aux ressources	http (hypertext transfer protocol)	HTTP
Présenter les ressources	HTML (Hypertext Markup Language)	RDF
L'interconnexion des ressources	Hyperliens < **a href** = "...">	Liens RDF

La lecture du tableau ci-dessus (Tableau 1) nous donne les quatre principes des données liées.

- 1er principe : les éléments (concepts abstraits ou réels) doivent être identifiés avec des références URI. Cela peut être vu comme une extension des principes du Web pour comprendre tout objet ou concept.
- 2e principe : utiliser des URI HTTP pour accéder aux ressources. Une URI HTTP combine un mécanisme d'identification unique et un mécanisme de récupération simple. Il est ainsi possible de récupérer le contenu référencé en utilisant le protocole HTTP.
- 3e principe : utiliser les standards sémantiques (RDF, SPARQL) pour la publication de données structurées. Le modèle RDF se base sur une structure en graphe, et sera détaillé plus loin dans ce chapitre.
- 4e principe (le plus important dans la vision des données liées) : inclure, dans les descriptions sémantiques des éléments, des liens vers les URI d'autres éléments, afin de permettre leur découverte.

2.   Trame d'analyse

Sur la base des considérations présentées ci-dessus, nous voulons définir la grille de lecture à utiliser pour l'étude des différentes initiatives qui seront étudiées dans les sections suivantes. D'une part, nous évaluerons le respect des quatre principes des données liées vus précédemment. D'autre part, nous évaluerons la qualité des données liées produites par les différentes approches analysées. Pour ce faire, nous utiliserons le système de notation défini par Tim Berners-Lee (Berners-Lee, 2010), avec un niveau supplémentaire, à savoir les six étoiles.

Tableau 2. Trame d'analyse utilisé

Qualité	Explication
★	Données disponibles sur le Web (peu importe le format) mais avec une licence ouverte (données ouvertes/Open Data).
★★	Données disponibles dans un format structuré pouvant être « lu » par un ordinateur (e.g. utilisation d'un fichier Excel au lieu d'une image).
★★★	Données 2 étoiles dans un format non-propriétaire (e.g. CSV au lieu d'Excel).
★★★★	Données 3 étoiles décrites en utilisant les standards du W3C (trois premiers principes des données liées).
★★★★★	Données 4 étoiles reliées à d'autres jeux de données en utilisant des liens RDF (quatrième principe des données liées).
★★★★★★	Données décrites avec des métadonnées de provenance, licence, etc.

3.   Vocabulaires de données liées pour le BIM

Les vocabulaires présentés ci-dessous seront évalués selon la trame donnée dans le Tableau 2. Plus particulièrement, pour chacun des vocabulaires ci-dessous, je donne une brève description, référence le site où le vocabulaire est publié, puis l'analyse selon les critères listés dans le Tableau 2. Notamment, l'évaluation des liens implémentés exploite les données publiées sur le site Linked Open Vocabulaires[1]. Toujours concernant les liens, il est important de différencier les liens entrants (définissant un lien vers un concept du vocabulaire considéré depuis un nom de domaine extérieur ou différent) et les liens sortants (définissant un lien entre un concept du vocabulaire considéré et un concept d'un vocabulaire différent ou externe). Les liens RDF peuvent aussi être classifiés selon les trois types suivants :

- *Les liens de relation* pointent vers des éléments dans d'autres sources de données.
- *Les liens d'identité* pointent vers des URI utilisés par d'autres sources de données pour identifier le même objet réel ou concept abstrait. Des liens d'identité permettent aux clients de récupérer d'autres descriptions d'une entité à partir d'autres sources de données.
- *Les liens de vocabulaire* établissent des liens allant des données vers les termes de vocabulaire qui les représentent et de ces définitions vers les définitions de termes apparentés dans d'autres vocabulaires. Ils rendent les données auto-descriptives, ce qui permet aux applications de données liées de comprendre et d'intégrer des données de plusieurs vocabulaires.

Pour chacun des vocabulaires analysés, les différents liens de relation, identité ou vocabulaire sont aussi précisés.

---

1   https://lov.linkeddata.es/dataset/lov

3.1.   L'ontologie SSN (Semantic Sensor Networks)

Cette ontologie décrit les capteurs et leurs observations, ainsi que les concepts en lien avec ce domaine. Elle ne décrit pas des concepts tels que le temps et l'emplacement (ces concepts doivent être importés à partir d'autres ontologies e.g. owl-time). Elle a été développée dans le cadre du groupe incubateur W3C Semantic Sensor Network. Elle contient 41 classes et 39 propriétés, structurées en 16 modules, eux-mêmes regroupés en 11 sections.

Tableau 3. Évaluation du vocabulaire SSN

Qualité	Explication
★	Oui, vocabulaire disponible à l'adresse : http://purl.oclc.org/NET/ssnx/ssn Licence ouverte W3C Software Notice and License : https://www.w3.org/Consortium/Legal/2002/copyright-software-20021231.
★ ★	Oui, négociation de contenu implémentée – vocabulaire disponible en version HTML pour les humains et en RDF/XML pour les machines.
★ ★ ★	Oui, ontologie décrite en OWL, fichier disponible en RDF/XML.
★ ★ ★ ★	Oui, utilisation de OWL.
★ ★ ★ ★ ★	Liens sortants : 5 • Métadonnées de description : DCMI Metadata Terms, Dublin Core Metadata Element Set, RDF, Creative Commons. • Spécialisation : owl. Liens entrants : 19 • Liens d'identité : equivalences avec DogONT, généralisation d'Internet of Things Ontology (ioto). • Liens de vocabulaire : – Spécialisations de The EPCIS Event Model (eem), Climate and Forecast features (cff), Ontology for Meteorological sensors (aws), SPITFIRE Ontology (spt), ioto, Semantic Actuator Network (san), The Machine-to-Machine Measurement Lite Ontology (m3lite), Iot-Lite Ontology (iot-lite), Open Fridge vocabulary (of). – Extensions de ioto, SAN, spt, iot-lite, of. Liens de relation : spt, cff, Climate and Forecast standard names parameter vocabulary (cfp).
★ ★ ★ ★ ★ ★	Oui, spécification des dates de création, modification (avec description des modifications), annotations, créateur, licence et droits.

3.2.   Le vocabulaire Owl-time

Développé par le W3C en collaboration avec l'OGC à travers le groupe de travail Spatial Data on the Web, ce vocabulaire permet de modéliser des entités temporelles, telles que des intervalles de temps, leurs propriétés et relations. Cette ontologie fournit le vocabulaire permettant d'exprimer des assertions sur des relations topologiques entre instants et intervalles, avec des durées et des informations sur l'heure et la date. À l'état de « Working Draft » (depuis le 27 septembre 2006), cette spécification est devenue une Recommandation W3C depuis le 19 octobre 2017.

Tableau 4. Évaluation du vocabulaire owl-time

Qualité	Explication
★	Oui, vocabulaire disponible à l'adresse : http://www.w3.org/2006/time Licence ouverte W3C Software Notice and License : https://www.w3.org/Consortium/Legal/2002/copyright-software-20021231.
★★	Négociation de contenu implémentée – description en langage naturel disponible (https://www.w3.org/TR/owl-time).
★★★	Ontologie décrite en OWL-2 DL, fichier disponible en RDF/XML, Turtle et n3.
★★★★	Oui, utilisation de OWL 2 DL.

★★★★★	Liens sortants : 4
	• Métadonnées de description : DCMI Metadata Terms, Dublin Core Metadata Element Set, RDF, Creative Commons.
	• Spécialisation : owl.
	Liens entrants : 34
	• Liens d'identité : equivalences avec The Timeline Ontology (tl).
	• Liens de vocabulaire :
	  – Spécialisations de Vocabulary for biographical information (bio), TaxonConcept Ontology (txn), Intervals Ontology (interval), Smart Home Weather (shw), Vocabulary for Linked Genealogical Data (gen), SAREF 4 EEbus/Energy (s4ee), Beverages Ontology (bevon).
	  – Extensions de The Event Ontology (event), Linked Open Descriptions of events (lode), Open Provenance Model Vocabulary (opmv), Music Ontology (mo), interval, Semantic Trajectory Episodes (step), ioto, SAN,
	Liens de relation : The Smart Appliances REFerence ontology (saref), step, Open-Multinet Upper Ontology (omn)

★★★★★★	Oui, spécification des dates de création, modification (avec description des modifications), annotations, créateur, licence et droits : http://www.w3.org/Consortium/Legal/ipr-notice#Copyright. http://www.w3.org/Consortium/Legal/copyright-documents.

3.3. L'ontologie SAREF (Smart Appliances REFerence)

L'ontologie SAREF est un modèle de consensus partagés, facilitant l'appariement actifs (standards, protocoles, modèles de données, etc.) dans le domaine des *smart appliances*. L'ontologie SAREF a une structure modulaire, favorisant la séparation et la recombinaison de différentes parties de l'ontologie, selon des besoins spécifiques. Le point de départ de l'ontologie SAREF est constitué par le concept d'appareil (*device*) (par exemple un *switch*). Les appareils représentent des objets tangibles, censés accomplir une certaine tâche dans le contexte d'un foyer. Un appareil réalise une ou plusieurs fonctions. Lorsque connecté à un réseau, un appareil offre un service, qui est une représentation d'une fonction par rapport à un réseau (qui rend la fonction découvrable et contrôlable par d'autres appareils dans le réseau). Un service peut représenter une ou plusieurs fonctions. L'ontologie comprend 110 classes et 42 propriétés, ainsi que 73 instances.

Tableau 5. Évaluation du vocabulaire SAREF

Qualité	Explication
★	Oui, vocabulaire disponible à l'adresse : https://sites.google.com/site/smartappliancesproject/ontologies/reference-ontology. Oui, license ouverte Creative Commons Attribution Licence (v. 3.0).
★★	Documentation disponible : http://ontology.tno.nl/saref. Vocabulaire disponible : http://ontology.tno.nl/saref.ttl.
★★★	Ontologie disponible au format RDF/XML et Turtle.
★★★★	Oui, données décrites en utilisant les standards du W3C (RDF, RDFS).
★★★★★	Liens sortants : 7 • Métadonnées de description : Dublin Core Metadata Element Set, RDF. • Spécialisation : owl, rdfs, geo. • Généralisation : time. • Extension : xsd. Liens entrants : 1 • Liens de vocabulaire : • Spécialisations de SAREF 4 EEbus/Energy (s4ee).
★★★★★★	Oui, spécification des informations suivantes : • Date de création : **dcterms : created « 2015-02-10 ».** • Créateur : **dcterms : creator « Laura Daniele ».** • Description : **dcterms : description « The Smart Appliances REFerence (SAREF) ontology is a shared model… ».** • Date de publication : **dcterms : issued « 2015-04-01 ».** • Licence : **dcterms : license « This work is licensed under a Creative Commons Attribution License (version 3.0) ».** • Éditeur : **dcterms : publisher « TNO ».** • Titre : **dcterms : title « SAREF : the Smart Appliances REFerence ontology ».**

3.4. Le vocabulaire Basic geo

Développé dans le cadre du groupe d'intérêt W3C Semantic Web, il s'agit d'un vocabulaire RDF simple, servant de nom de domaine pour représenter des informations comme la latitude et la longitude d'objets localisés dans l'espace, en utilisant le système WGS84.

Le vocabulaire ne fait pas l'objet d'une recommandation W3C en vue d'une standardisation. Il n'y a pas eu processus de révision suivi, ni d'évaluation de la qualité. Il s'agit toutefois d'un vocabulaire largement utilisé par d'autres ontologies (plus d'une quarantaine de liens entrants provenant de différents vocabulaires).

Tableau 6. Évaluation du vocabulaire basic-geo

Qualité	Explication
★	Oui, vocabulaire disponible à l'adresse : http://www.w3.org/2003/01/geo/wgs84_pos#. Pas d'informations sur la licence.
★★	Documentation disponible : https://www.w3.org/2003/01/geo/. Vocabulaire disponible : http://www.w3.org/2003/01/geo/wgs84_pos#.
★★★	Ontologie disponible au format RDF/XML et N3.
★★★★	Oui, données décrites en utilisant les standards du W3C (RDF, RDFS).

Qualité	Explication

★★★★★	Liens sortants : 4
	• Métadonnées de description : RDF, Dublin Core Metadata Element Set.
	• Spécialisation : rdfs, foaf.
	Liens entrants : 43
	• Liens de vocabulaire :
	  – Spécialisations de FOAF, saref, earth, swc, km4c, pns, gen, igeo, frbr, gn, etc.
	  – Extensions de foaf, igeo, opo, mo, trao, swc, po, ngeo, ov, iot-lite, tp, dbpedia-owl, event, lode, etc.
	  – Généralisations de : juso, sem.
	• Liens de relation : juso, edm, po.

★★★★★★	Métadonnées de description fournies : titre, description, dernière date de modification (20 avril 2009) Spécification des différentes modifications (numéro de révision, date et commentaires) en tant que commentaire (**rdfs : comment**). Pas d'informations sur la licence.

3.5. L'ontologie DogONT (Ontology Modelling for Intelligent Domotic Environments)

L'ontologie DogONT a été conçue afin d'adresser le problème de l'interopération entre systèmes domotiques et en se basant sur des études de cas réels. Elle représente une modélisation des différents terminaux, états et fonctionnalités identifiés. DogONT comprend 167 classes réparties dans cinq hiérarchies.

- **Building Thing** modélise les ressources existantes (contrôlables ou pas).
- **Building Environment** modélise l'emplacement des ressources.
- **State** modélise les différentes configurations stables pouvant être associées à des ressources contrôlables.
- **Functionnality** modélise ce que les ressources contrôlables peuvent faire.
- **Domotic Network Component** modélise les fonctionnalités réseau des différentes ressources ou composants réseau.

L'ontologie comprend plusieurs restrictions (dont 21 restrictions universelles et 54 restrictions de cardinalité), 18 propriétés objet et 26 propriétés de données.

Tableau 7. Évaluation du vocabulaire DogONT

Qualité	Explication
★	Oui, vocabulaire disponible à l'adresse : http://elite.polito.it/index.php/research/research-topics/35-dogont. Oui, licence ouverte Apache 2.0.
★★	Modèle de données décrit en OWL.
★★★	Ontologie disponible au format RDF/XML et N3.
★★★★	Oui, données décrites en utilisant les standards du W3C (RDF, RDFS).

Qualité	Explication

★ ★ ★ ★ ★	Liens sortants : 12
	• Liens de relation :
	  – Métadonnées de description : RDF, foaf, cc, vann, dcterms.
	  – Extension : rdfs, xsd, gr.
	• Liens de vocabulaire (spécialisation) : rdfs, owl.
	• Liens d'identité (équivalences) avec : ssn.
	Liens entrants : 0.

★ ★ ★ ★ ★ ★	Oui, utilisation de termes de vocabulaires de données liées pour définir : contributeurs, créateurs, description, version actuelle, version précédente. Licence Apache 2.0.

3.6. L'ontologie FIEMSER

Cette ontologie a été créée dans le cadre du projet « Smart Appliances », réalisé par TNO entre janvier 2014 et mars 2015, pour la Communauté européenne. Le principal livrable a été la spécification de l'ontologie SAREF. FIEMSER est une ontologie définie dans le cadre du même projet et vise à décrire l'organisation de l'espace dans un contexte bâtiment. Pour ce faire, les principaux concepts sont les suivants :

- **Building** comprend (**consistsOf**) plusieurs **BuildingSpaces.**
- **BuildingPartition** définit une partie d'un bâtiment gérée par un locataire (e.g. un appartement) ou par une gestionnaire de patrimoine (e.g. zones communes d'un bâtiment) ; un **BuildingPartition** comprend (**consistsOf**) plusieurs **BuildingSpace** ;
- **BuildingSpace** définit les espaces physiques dans un bâtiment ;
- **BuildingZone** définit une surface fonctionnelle dans le bâtiment qui sera contrôlée en tant que zone unique ; une **BuildingZone** comprend (**consistsOf**) plusieurs **BuildingSpace**.

Le modèle de données FIEMSER contient 103 classes, chacune étant associée à une ou plusieurs vues. Le modèle FIEMSER définit huit principales vues, telles que listées ci-dessous (voir Tableau 8).

Tableau 8. Vues définies dans le vocabulaire FIEMSER

Vue	Description	Contenu
ENV	Données environnementales et contextuelles	Emplacement, zone de climat, degré d'ombre, orientation, etc. Données météo, prix énergie, etc.
BIM	Données BIM en lien avec l'énergie	Organisation de l'espace, caractéristiques enveloppes et partitions. Données sur les équipements maison (générateurs, appareils domotiques).
WSN	Données en lien avec les réseaux de capteurs (Wireless Sensors Networks)	Capteurs, données collectées à partir des capteurs, log d'activations (ordres de contrôles envoyés aux capteurs).
USR	Préférences de l'utilisateur	Profil utilisateur définition des scènes (e.g. points de confort), règles de contrôle et stratégies d'énergie.
SCH	Données sur la planification des ressources	Planification des ressources.
ADV	Conseils	Commandes envoyées (et terminaux destinataires) suite à un événement.

Vue	Description	Contenu
EPI	Indicateurs de performance énergétique	Log des consommations. Indicateurs de performance.
RGH	Droits d'accès utilisateur	Droits d'accès de l'utilisateur par rapport aux fonctionnalités FIEMSER.

Tableau 9. Évaluation du vocabulaire FIEMSER

Qualité	Explication
★	Oui, vocabulaire disponible à l'adresse : https://sites.google.com/site/smartappliancesproject/ontologies/fiemser.ttl. Pas d'informations de licence.
★★	Description disponible : http://www.fiemser.eu/wp-content/uploads/2011/12/D5_FIEMSER-data-model_m9_CSTmb_REVIEW.pdf. Vocabulaire disponible : https://sites.google.com/site/smartappliancesproject/ontologies/fiemser-ontology.
★★★	Ontologie disponible au format Turtle.
★★★★	Oui, données décrites en utilisant les standards du W3C (RDF, RDFS).
★★★★★	Liens sortants : 8 • Liens de relation : • Métadonnées de description : RDF, dcterms, owl. Liens entrants : 0
★★★★★★	Métadonnées de description fournies pour spécifier : contributeurs, créateurs, description, version actuelle, date de création (14 novembre 2014) et date de publication (1er avril 2015).

3.7.   La représentation OWL de la norme ISO 19107

L'ISO 19150 comprend deux parties : le cadre de travail est précisé dans la 1re partie alors que les règles pour le développement d'ontologies dans le langage d'ontologie Web (OWL) sont données dans la 2e partie. Plus particulièrement, l'ISO 19150-2 spécifie les bonnes pratiques pour développer des ontologies, afin d'améliorer l'interopérabilité de l'information géographique pour le Web sémantique. La 2e partie de l'ISO 19150 ne définit pas une nouvelle ontologie, ne traite pas non plus des opérateurs sémantiques ou des règles à appliquer pour les ontologies de service.

En effet, les autres standards de l'ISO spécifient les normes pour l'information géographique en utilisant des vues statiques UML. L'ISO 19150-2 définit comment il est possible de traduire les éléments de modélisation contenus dans ces vues UML en langage OWL. Ce standard décrit aussi comment convertir en OWL le modèle général d'entités, défini dans l'ISO 19109 « Information géographique – Règles de schéma d'application ».

Ces règles spécifiées dans l'ISO 19150-2 garantissent :

- une description exhaustive d'ontologies ;
- un ensemble cohérent d'ontologies OWL pour l'information géographique ;
- une conversion cohérente de diagrammes UML en ontologies OWL ;

* une cohésion et une unité entre ces modèles UML et les ontologies OWL produites en appliquant ces règles.

Pour la définition de ces règles, les experts ont utilisé le méta-modèle ODM *(Ontology Definition Metamodel)* de l'OMG *(Object Management Group)*. OWL étant un langage bien plus expressif que le langage UML, les ontologies OWL produites en appliquant ces règles de conversion représentent un complément des vues statiques UML et seront utilisées avec différents objectifs. L'ISO 19150-2 représente l'adaptation en OWL du standard ISO 19107 : 2003. Le vocabulaire résultant s'appelle « Représentation OWL pour ISO 19107 (Information géographique) ».

Tableau 10. Évaluation du vocabulaire « Représentation OWL pour ISO 19107 »

Qualité	Explication
★	Oui, vocabulaire disponible à l'adresse : http://def.seegrid.csiro.au/isotc211/iso19107/2003/geometry. Pas de licence ouverte (Copyright © 2012-2013 CSIRO).
★★	Oui, négociation de contenu implementée (versions HTML et RDF).
★★★	Oui, négociation de contenu implementée (versions HTML et RDF).
★★★★	Vocabulaire disponible au format RDF/XML et au format N3.
★★★★★	Liens sortants : 9 • Métadonnées de description : DCMI Metadata Terms, Dublin Core Metadata Element Set, RDF, vann, skos, h2o. • Spécialisation : owl, rdfs. • Équivalences : gml. Liens entrants : 4 • Liens d'identité : équivalences avec Représentation OWL de l'ISO 19109 (General Feature Model). • Liens de vocabulaire : • Extensions de Représentation OWL de l'ISO 19115 (Information Géographique), The Sampling Features Vocabulary (sam). • Liens de relation : généralisation de The Sampling Features Vocabulary (sam).
★★★★★★	Oui, spécifications de métadonnées en lien avec les vocabulaires voaf et DCTerms : • version antérieure ; • IRI de la version actuelle ; • créateur du document (« Simon Jonathan David COX CSIRO ») ; • description du document («An OWL representation of part of the model for geometry and space from ISO 19107 : 2003 Geographic Information – Spatial Schema »).

3.8.   Le vocabulaire GML (Geography Markup Language)

Développé par l'OGC, ce standard spécifie une grammaire XML permettant de spécifier des éléments géographiques. Le langage GML peut être utilisé pour modéliser des systèmes géographiques de même que des formats d'échange ouverts pour effectuer des transactions d'informations géographiques sur Internet. Comme toute grammaire XML, ce standard comprend un schéma (GML Schema) décrivant le document et des instances du schéma contenant les données modélisées. GML est le standard international pour l'échange de données spatiales. La dernière version du standard est la version 3.3.1, publiée en février 2012.

L'OGC a travaillé en collaboration avec l'ISO/TC 211 afin de proposer l'adaptation du standard GML en standard ISO, notamment en publiant le standard ISO 19136. La version de 2007 du standard ISO 19136 correspond à la version 3.2 du standard GML ; un nouveau standard ISO 19136 : 2015 étend le précédent en incluant de nouveaux composants schéma et en spécifiant des contraintes supplémentaires. Cette dernière version du standard fait référence au vocabulaire SKOS et la sérialisation Turtle pour les données RDF (Prud'hommeaux *et al.*, 2014).

Tableau 11. Évaluation du vocabulaire GML

Qualité	Explication
★	Oui, vocabulaire disponible à l'adresse : http://www.opengis.net/ont/gml. Licence ouverte, mais spécification de contraintes : http://www.opengeospatial.org/ogc/Document.
★★	Pas de négociation de contenu implémentée – vocabulaire disponible uniquement dans des formats pour les machines, basés sur des schémas XML : http://schemas.opengis.net/gml/3.2.1/.
★★★	Seules les géométries définies dans GML ont été adaptées en RDF : http://schemas.opengis.net/gml/3.2.1/gml_32_geometries.rdf (total de 53 classes).
★★★★	Standard basé sur XML et XML Schema. Les types géométriques définis dans le standard ISO ont été adaptés en vocabulaire RDF, disponible au format N3.
★★★★★	Liens sortants : 2 • Métadonnées de description : RDF. • Spécialisation : OGC GeoSPRAQL (gsp). Liens entrants : 1 • Liens d'identité : équivalences avec Représentation OWL de l'ISO 19107 (gm).
★★★★★★	Seule spécification du créateur (OGC). Précisions d'informations de copyright (en tant que commentaire) : « Copyright (c) 2012 Open Geospatial Consortium, To obtain additional rights of use, visit http://www.opengeospatial.org/legal/ ». Spécification de la version actuelle « Version : 1.0.1 ».

3.9. Le langage de requêtes GeoSPARQL

GeoSPARQL est un standard qui supporte la représentation et la requête de données géospatiales sémantiques. GeoSPARQL définit (a) un vocabulaire permettant de représenter des données géospatiales en RDF, ainsi qu'une (b) extension du langage de requêtes SPARQL pour traiter les données géospatiales. GeoSPARQL est adapté pour les systèmes (a) basés sur des raisonnements qualitatifs spatiaux, ou (b) pour les systèmes basés sur des calculs spatiaux quantitatifs. GeoSPARQL respecte une conception modulaire, en intégrant différents composants tels qu'illustrés dans la figure ci-dessous (voir Figure 2).

Tableau 12. Évaluation du vocabulaire GML

Qualité	Explication
★	Oui, vocabulaire disponible à l'adresse : http://www.opengis.net/ont/geosparql. Copyright (c) 2012 Open Geospatial Consortium.
★★ ★★★ ★★★★	Vocabulaire disponible dans au format RDF, accompagné d'une description textuelle (http://portal.opengeospatial.org/files/47664) **dc : source rdf : resource = «http://www.opengis.net/doc/IS/geosparql/1.0»/**
★★★★★	Liens sortants : 7 • Métadonnées de description : RDF, dce, skos. • Spécialisation : RDFS. • Extension : xsd, RDFS. • Importe : dce. Liens entrants : 13 • Liens d'identité : equivalences avec juso[1], Spatial Relations Ontology (osspr[2]). • Liens de vocabulaire – Spécialisation de Vocabulary for the Dutch base registration of buildings and addresses (bag), FraPPE : Frame, Pixel, Place, Event vocabulary (frappe[3]), OGC Geometry[4] (gml), Simplified Features Geometry[5] (sf), km4c[6], juso, Linked Earth Ontology (earth[7]). • Extension de juso, osspr, bag, km4c.
★★★★★★	Pour l'ontologie générale, spécification d'un lien permettant de télécharger la description du standard (http://www.opengis.net/doc/IS/geosparql/1.0), de la date de création (**dc : date**) et du titre (**dc : source**). Pour chaque élément de l'ontologie, spécification de la date de publication (**dc : date**), et/ou d'une description (**dc : description, skos : definition, skos : prefLabel**), et/ou d'un créateur ou contributeur (**dc : creator, dc : contributor**) Précisions d'informations de copyright (en tant que commentaire) : « Copyright (c) 2012 Open Geospatial Consortium, To obtain additional rights of use, visit http://www.opengeospatial.org/legal/ ». Spécification de la version actuelle « Version : 1.0.1 ».

---

1   L'ontologie Juso définit un vocabulaire permettant de décrire des adresses et représentation géographiques.

2   L'ontologie des relations spatiales a été définie par le Ordnance Survey (UK) – dernière version en date du 04/09/2013.

3   Le vocabulaire FraPPE permet les traitements du type « Visual analytics » pour des données spatio-temporelles. L'utilisation de FraPPE facilite la capture, la corrélation et la comparaison de données géospatiales, de sources hétérogènes et variant à travers le temps.

4   Il s'agit d'une spécialisation du vocabulaire GeoSPARQL pour définir des sous-classes spécifiques de géométries (concept Geometry dans GeoSPARQL).

5   Ce vocabulaire représente une spécification de GeoSPARQL pour les représentations géométriques simples (e.g. points, lignes, polygones).

6   Il s'agit du vocabulaire « DISIT Knowledge Model for City and Mobility » permettant la description d'une smart city, interconnectant des données de mobilité, des données ouvertes ainsi que d'autres sources de données hétérogènes.

7   L'ontologie Linked earth définit le vocabulaire permettant l'annotation sémantique de données paléo-climatiques, publiée en 2016 (http://lov.okfn.org/dataset/lov/vocabs/earth/versions/2016-06-13.n3).

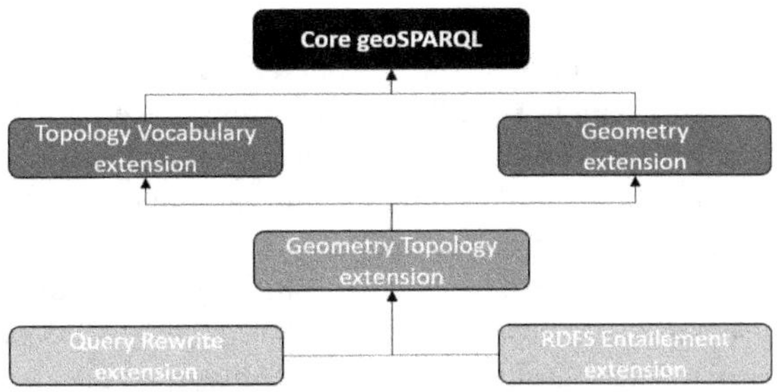

Figure 2. Illustration des dépendances entre les différents composants du standard GeoSPARQL

4. Analyse comparative et conclusion

Par rapport aux critères définis dans la trame d'analyse définie dans le Tableau 2, le tableau ci-dessous présente une comparaison entre le niveau atteint par chacun des vocabulaires considérés.

Tableau 13. Analyse comparative des différents vocabulaires analysés

Vocabulaire	Niveau	Explication
SSN	★★★★★★	L'ensemble des règles et critères considérés dans la trame d'analyse sont respectés.
Owl-time	★★★★★★	
SAREF	★★★★★★	
Basic-geo	★★★★★	Pas de spécification des informations de licence.
DogONT	★★★★★★	L'ensemble des règles et critères considérés dans la trame d'analyse sont respectés.
FIEMSER	★	Pas de spécification des informations de licence.
OWL pour ISO 19107	★	Pas de licence ouverte.
GML	★★★★★★	L'ensemble des règles et critères considérés dans la trame d'analyse sont respectés.
GeoSPARQL	★★★★★★	

Nous pouvons ainsi remarquer que malgré le fait que tous ces vocabulaires respectent les quatre principes de base des données liées, ils ne respectent pas tous les principes étendus considérés pour notre analyse. Nombre de vocabulaires présents sur la toile sont ainsi spécifiés par leurs créateurs comme « vocabulaire de données liées », alors que certains ne connaissent pas et ne respectent pas les principes sous-jacents. Les technologies dites du Web sémantique et des données liées s'accompagnent de nombreuses promesses en termes d'interopérabilité sémantique, raisonnement ou encore déduction de connaissances implicites. Or tant que la communauté scientifique continuera à créer des vocabulaires utilisant ces technologies mais sans définir des liens entre les concepts et relations qu'ils contiennent, le problème de l'hétérogénéité sémantique perdurera. À titre d'exemple, on peut citer l'approche BOT *(Building Ontology Topology)* qui a été le sujet de nombreuses publications durant les deux dernières années (Rasmussen *et al.*, 2017). Malheureusement, les concepts spécifiés par ce vocabulaire ne sont reliés à aucun autre vocabulaire existant. De plus, BOT redéfinit certains concepts de vocabulaires existants : par exemple **Building** et **BuildingSpace** de FIEMSER deviennent **Building** et **Space** dans le vocabulaire BOT. De manière similaire, de nombreux articles de recherche, publiés durant la dernière décennie, ont proposé le développement de nouvelles ontologies et vocabulaires pour mitiger cette hétérogénéité. Or, ce que l'on observe c'est qu'une fois les articles publiés, les ontologies qui y sont décrites disparaissent rapidement de la toile et ne sont que très peu réutilisées par la communauté. C'est pour répondre à ces problèmes, et aussi parce que les ontologies ont leurs limites, qu'il est important de connaître les principes des données liées et de veiller à leur application correcte lors du développement de nouveaux vocabulaires. Sans cela, la réutilisation des vocabulaires ainsi créés sera quasi nulle et la vision du graphe global géant, associée au Web sémantique, ne pourra pas être atteinte.

Bibliographie

Berners-Lee, T., 2010. Linked Data. Personal View, imperfect but published. Disponible en ligne : http://www.w3.org/DesignIssues/LinkedData.html

De Farias, T. M., Roxin, A., Durif, T., Orpelière, F, Nicolle, C., 2014, Enrichissement sémantique d'un IFC pour une extraction partielle dynamique, In Séminaire de Conception Architecturale Numérique. Édité par Jean-Claude Bignon, Gilles Halin, Sylvain Kubicki

De Farias, T. M., Roxin, A., Nicolle, C., 2016, A Federated Approach For Interoperating AEC/FM Ontologies. In : 4th Linked Data in Architecture and Construction Workshop

De Farias, T. M., Roxin, A., Nicolle, C., 2018, A rule-based methodology to extract building model views. Automation in Construction, 92, pp. 214-229

Hayes, P. J., Patel-Schneider, P. F., 2014, Editors. RDF 1.1 Semantics. 9 January 2014. W3C Proposed Recommendation. Disponible en ligne : http://www.w3.org/TR/rdf11-mt/

Horrocks, I. et al., 2004. SWRL : A semantic web rule language combining OWL and RuleML - W3C Member Submission 21 May 2004. Disponible en ligne : https://www.w3.org/Submission/SWRL/

ISO29481-1, 2016. (ISO 29481-1 : 2016) – Building information models - Information delivery manual - Part 1 : Methodology and format

Prud'hommeaux, E., Carothers, G., 2014, Editors. RDF 1.1 Turtle : Terse RDF Triple Language. 9 January 2014. W3C Proposed Recommendation. Disponible en ligne : http://www.w3.org/TR/turtle/

Rasmussen, M. H., Pauwels, P., Hviid, C.A., Karlshøj, J., 2017, Proposing a central AEC ontology that allows for domain specific extensions. In Proceedings of the Joint Conference on Computing in Construction, Heraklion, Greece, doi : 10.24929/jc3-2017/0153

Volk, R., Stengel, J. & Schultmann, F., 2014, Building Information Modeling (BIM) for existing buildings – Literature review and future needs. *Automation in construction*, 38, pp. 109-127

CHAPITRE 4

Multi-Threaded Semantic Approach for the Conformance Checking of BIM

Muhammad Fahad[1], Nicolas Bus[2]
[1]Experis It, 1240 Route des Dolines, 06560 Valbonne, France
[1,2]CSTB, 290 Route de Lucioles, 06560 Valbonne, France
e-mail : fahad.muhammad@cstb.fr, nicolas.bus@cstb.fr

Abstract

Building code conformance checking of IFC models is an immense challenge in the *Building Information Modeling (BIM)* world. Many approaches and tools are being contributed to fulfil these requirements. Last decade revealed many Query based Rule Checking mechanisms and Rule Checking Approaches via dedicated rule languages (*SWRL, Jess, N3Logic,* etc.). In this paper, we present our research and development which employs both the approaches for building code conformance checking system. We present our implemented *Semantic BIM Reasoner (SBIM-Reasoner)* which employs *multi-threaded* approach for embedding semantic querying and rule based approach for developing French building code compliance system. Various pre-processors (*IFC2RDF Converter, Geometry Extractor, Rule Evaluator,* etc.) run in different execution threads to build the underlying semantic repository providing faster rule checking and information retrieval from the triple store. We formalized Building codes as SPARQL queries for the compliance checking. Conformance checking via SPARQL queries are performed over the semantic repository for the verification of an IFC model by detecting non-compliant IFC elements. Once, *SBIM-Reasoner* finds non-compliant objects in the IFC model, it presents them to the end-user as inconsistent elements in the building model. With the knowledge graph over RDF triples, we have the freedom of extending our semantic IFC model, creation of newer vocabulary and formation of newer rules, concatenation of RDF triples to build rules with condition and constraints over IFC data, dynamic reasoning over the RDF triples based on the initial data of an IFC model, exploring causes of inconsistent IFC objects and anomalies, etc. We have tested *SBIM-Reasoner* via several online IFC building models and concluded that a hybrid approach can be easily extended, configured and deployed for the dynamic and changing BIM environment having broad spectrum of functionalities for the conformance checking of IFC models. We found that multi-threaded approach for the implementation of various pre-processors also serves best and provides faster computation for the conformance checking of IFC models.

Keywords

Conformance Checking, French Building Codes, Code Compliance, SPARQL, Semantic Rules, Verification of building models, Automatic BIM Strategies

Résumé

Le contrôle de cohérence automatique des modèles IFC vis-à-vis de la règlementation est un grand défi dans le monde du BIM. De nombreuses approches et outils ont été proposés par la communauté scientifique pour répondre à cette problématique. La dernière décennie a vu apparaître de nombreux mécanismes de vérification de règles basés sur des langages dédiés (SWRL, Jess, N3Logic, etc.). Dans cet article, nous présentons notre outil de traitement de données sémantiques BIM (SBIM-Reasoner) qui utilise une approche multi-threading pour accélérer la vérification automatique de conformité règlementaire des modèles IFC de bâtiments à l'aide d'une base de règles et d'un système de requêtage sémantique. Divers préprocesseurs (convertisseur IFC2RDF, extracteur de géométrie, évaluateur de règles, etc.) s'exécutent en parallèle dans différents threads d'exécution pour créer un entrepôt de données sémantiques sous-jacent. Cet entrepôt ou « TripleStore » (ensemble de triplets RDF) permet ensuite une vérification plus rapide des règles. Nous avons formalisé une partie de la règlementation des constructions sous forme de requêtes SPARQL pour la vérification de la conformité. Le contrôle de conformité via des requêtes SPARQL est effectué sur le TripleStore pour la vérification d'un modèle IFC en détectant des éléments IFC non conformes. Une fois que le SBIM-Reasoner trouve des objets non conformes dans le modèle IFC, il les présente à l'utilisateur final en tant qu'éléments incohérents dans le modèle de construction. Grâce au TripleStore RDF, nous avons également la possibilité d'étendre notre modèle IFC sémantique, de créer un nouveau vocabulaire et de définir de nouvelles règles, de concaténer des triplets RDF pour construire des règles avec des conditions et des contraintes sur les données IFC. Nous pouvons exécuter un raisonnement dynamique sur les triplets RDF de la base des données initiales d'un modèle IFC, en explorant les causes des incohérences sur les objets du modèle IFC. Nous avons testé SBIM-Reasoner sur plusieurs modèles IFC en ligne et avons conclu qu'une approche hybride peut facilement être étendue, configurée et déployée pour la dynamique l'environnement de BIM. Nous avons constaté que l'approche multi-threading pour la mise en œuvre de divers préprocesseurs est également utile et permet un calcul plus rapide pour le contrôle de conformité des modèles IFC.

Mots-clés

Vérification de la conformité, Règlementation française de la construction, Conformité règlementaire, SPARQL, Règles sémantiques, Vérification des modèles de bâtiment, Stratégies BIM automatiques

Introduction

One of the goals of *CSTB* is to implement *French Building Codes* compliance checking system for the building models. Building codes are the rules and guidelines that specify the minimum acceptable level of safety, accessibility, general welfare, etc. of building models. Through building code and standards, organizations achieve their fundamental goal to protect public health, safety and general welfare as they relate to the construction and occupancy of buildings. The purpose of verifying models is to align several specialized indexations of building components at both sides, assuming that they deal with the same abstract concepts or physical objects, but according to their distinct representation prisms. Building Code is vital to detect non-compliance elements in the IFC model and to ensure its quality and reliability in the entire life-cycle of BIM [1], [2].

Building compliance checking of IFC models [3] is an immense challenge in the *Building Information Modeling* (BIM) world. Many approaches and tools are being contributed to fulfil these requirements. Initially *Hard Coded Rule Checking* mechanisms via MVDs are employed where building codes are integrated inside the application for the conformance checking of IFC models, e.g., Solibri Model Checking [16], IfcDoc tool [17], etc. are some of the examples of this approach. The subset of the IFC schema needed to satisfy one or many Exchange Requirements of the AEC industry is called M*odel View Definition (MVD)*. The XML format used to publish the concepts and associated rules is mvdXML and it is regarded as an open standard [5]. It can be used with the BIM Server or IfcDoc tool [18] developed by the buildingSMART [4] International to read and write mvdXML and to provide a graphical user interface for defining all content within mvdXML. It is aimed to improve the consistent and computer-interpretable definition of MVD as true subsets of the IFC Specification with the enhanced definition of concepts. MVDs provide additional rules for the IFC validation and focus on extracting integral model subsets for IFC implementation purposes. The buildingSMART is willing to support construction domain developers in reusing its leading openBIM standard IFC as a baseline to set up specific data exchange protocols to satisfy exchange requirements in the industry.

Due to the limitation of MVD and mvdXML, semantic web technologies can be seen as an option which is regarded as a good compromise between development efforts and possibilities. There are few groups (such as LBD, LDWG, etc.) which are currently working to adapt semantic web technologies in the building domain due to vast variety and usage of semantic web technologies and their functionalities. W3C *Linked Building Data (LBD)* community group consists of 89 experts from the domain of construction and semantic web. It is managed and organized by Kris McGlinn from Trinity College of Dublin and Peter Pauwels from the Ghent University of Belgium. *BuildingSmart Linked Data Working Group (LDWG)* originated from the people working for the BuildingSmart. They are responsible of creating and maintaining an IFC ontology (IfcOWL [25]) and construction related vocabulary under bSDD data dictionary. The key responsible person for managing this group are Jakob Beetz and Peter Pauwels.

Latter years revealed *Query based Rule Checking* mechanisms [6, 8] where BIM model is interrogated via conformance rules that are formalized directly into SPARQL queries. The idea is to formulize building code rule as a SPARQL query and then execute it on the building model to check the possibility of non-compliant elements in the building model. Recently Rule Checking Approaches via dedicated rule languages were developed for the rule-based inspection of IFC models for the conformance checking [7]. During our research for French building codes compliance system, we analyzed deeply which approach reveals more advantages for the compliance checking of building codes. According to our analysis, a *hybrid approach* based on semantic querying for the information retrieval and building rule evaluator based on the semantic rule engine produces good results. Therefore, we have implemented a hybrid approach for French building code compliance system named *Semantic BIM Reasoner (S-BIM Reasoner)* which reasons compliance of building codes via semantic reasoning over RDF Triples. We build several test cases comprise of different queries on different sizes of IFC models to evaluate our semantic approach via SPARQL [9]. We discuss our experimental findings on many different analysis parameters; such as *number of RDF triples* in the RDF (turtle file) equivalent to IFC model, number of RDF triples in the semantic model (filtered turtle file) in the triple-store, estimated time taken by the *conversion pre-processor* and *geometric pre-processor*, etc. From the initial results, we conclude that SPARQL queries are flexible for retrieving data and perform validation in an optimized way giving better run-time as compared to the traditional approach via IfcDoc. The only overhead is the conversion from an *IFC to RDF* and then storage of RDF triples into triple store which takes time. In a long run, once the triple store is loaded with the data, it is much faster querying to validate IFC models and detect inconsistent non-compliant IFC elements in the building model.

The rest of paper is organized as follows. Section 2 presents related work. Section 3 discusses a usecase scenario why we adopt semantic approach for the conformance checking of IFC models. Section 4 presents our research and development of Semantic BIM Reasoner and its different sub-components. Section 5 presents our experimental analysis via using online building models. Section 6 concludes this paper.

1.   Related Work

There are many contributions aiming towards automated building code-compliance checking in the BIM research literature industry. One of the fundamental contributions towards automated code-checking was the development of e-PlanCheck as part of CORENET project developed by Choi & Kim and funded by Singapore Ministry of National Development [10]. The end-user of this system provides 2D drawings and IFC-based files for their building proposals as an input by the web interface for automated code checking. Since the implementation of IFC remained focused on geometry, therefore the objective of compliance checking was not fulfilled completely. Therefore FORNEX, an object library, was developed which contains all the necessary attributes inside an object for the Singapore codes and the rules to be performed. To fulfill the requirements of other countries, separate extensible objects are designed and e-PlanCheck was used as the basis for pilot projects in Norway, New York and Australia. In Norway, this CORENET project was emulated with the ByggSok system (Haraldsen *et al.*) supported by Norwegian buildingSMART which is based on IFC standards, as part of their efforts to extend the use of IFC to the entire project life cycle in support of their mandate that by 2010 all properties will use IFC based BIM [12]. These efforts result development of Solibri system that does compliance checking in two steps [16]. First, it validates a data model with the built-in rule library and then the rule checking mechanism is applied. Solibri communicates directly with building model data in IFC format, but also retrieves the objects mapped to the accessibility rules.

Similar to e-PlanCheck, Design Check System was developed for the automatic rule-based checking of building designs by Eastman *et al.* [11]. Design Check System was an effort developed by an Australian team based on object based rules which need to be translated from IFC format into the Design Check schema. However, it has an edge to check for the compliance at various stages in the design process and specification as well. Due to this advantage, it is not only targeted by building control certifiers, but also by architects and designers. Similar project named SmartCodes for code-checking was initiated in the United States in conjunction with AEC3 and Digital Alchemy. It was aimed at transforming paper-based codes into machine-interpretable rules which required many iterations between Building Code officials and software developers. Firstly, SmartCodes project employed a methodology for applying tags to electronic copies of Building Codes using a "tag dictionary", or ontology. Secondly, the rules are automatically extracted, following a strict mathematical pattern, into an IFC constraints schema. Finally, the resulting IFC constraints schema is mapped to the IFC building data model via the tag dictionary by Wix et al. [13]. Another solution for the compliance checking is with the IfcDoc tool for generating mvdXML rules through a graphical interface by Zhang *et al.* [14]. It is based on the mvdXML specification to improve the consistent and computer-interpretable definition of Model View Definitions as true subsets of the IFC Specification with enhanced definition of concepts. This tool takes IFC instances and mvdXML files as input and generate BCF files as output, and is widely used as AEC specific platform in the construction industry. Preidel and Borrmann developed a visual code checking language (VCCL) for the automatic code compliance checking [26]. They have implemented it within the CodeBuildder plugin which allows the user to build up a VCCL graph using a library of elementary nodes.

In recent years, there are many contributions based on the semantic rule checking by using semantic web technologies (e.g., RDF, SPARQL, etc.). The contribution from Bouzidi *et al.* is regarded as Rule-checking by querying [15]. They transform building model in RDF, create rules as SPARQL queries, and finally interpret query result to visualize the result. Most recent contributions use semantic rule checking approach with dedicated rule languages (such as SWRL [7], Jess [18] or N3Logic [19]) adopted by H. Wicaksono et al. [20] based on SWRL rules, Pauwels *et al.* [21] based on N3Logic rules and M. Kadolsky *et al.* [22]. Other than building domain, combination of SPARQL and SWRL is used for expressing formal rules within ontology-based models in an application to the nuclear industry [27]. Our work is similar to these proposals as we also make advantage of semantic web technologies, but, we also consider geometric aspects, with focus on optimization and performance. We presented first version of our developed semantic reasoner which was without multi-threaded approach [23]. This paper presents our optimized solution using multi-threaded approach.

2.   Usecase Scenario

While working with the mvdXML and IFC tools, we realized that there is no support to build new concept and/or high level vocabulary dynamically or create a new rule using existing concepts. For example, a simple rule that is based on "Highest Storey" would neither be possible with IfcDoc tool nor with the mvdXML specification. But, if we process an IFC model, get an equivalent RDF triples and build a semantic repository with the geometry information and materialize high level vocabulary via SPARQL Rules and Queries, then we can build verification rules over the Highest Storey. With the help of SPARQL rules on the geometry data (Bounding Boxes, i.e., minimum and maximum values of X, Y and Z coordinates) of IFC objects, we can infer elements which are Above or Below with respect to each other. Once we can infer IFC objects then "Not Exists {B above A}" concludes A as a Highest Storey having nothing over it. Figure 1 illustrates this scenario.

Therefore to meet the requirement of semantic checking, we have implemented semantic based approach for the building code compliance. As there are different tasks which can be achieved in different processes, we implemented a multi-threading based approach. Our system builds high level vocabulary by using SPARQL rules (e.g., highest storey concept explained above over these RDF triples. Finally, verification rules which are formalized into SPARQL queries are executed which bring RDF triples (i.e., non-conformance elements) in the case of non-compliance of building code. The following section discusses various pre-processors of our semantic approach for the conformance checking of building models.

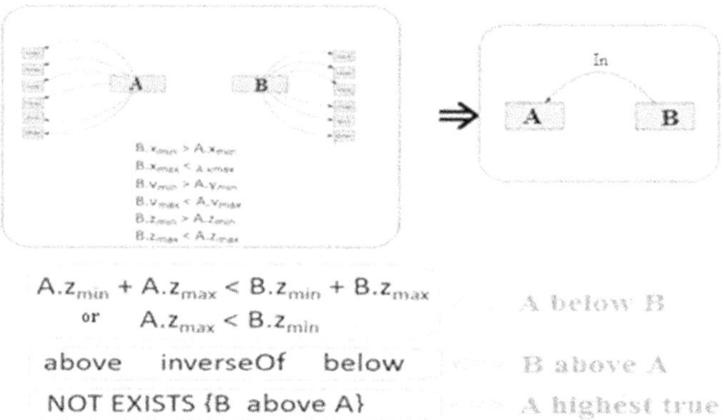

Figure 1. Semantic illustration of Highest Storey Concept using geometry data

3.   Multi-Threaded Semantic Approach for the Conformance Checking

The main contribution in this paper is about the research and development of *Semantic BIM Reasoner (SBIM-Reasoner)* tool for measuring and ensuring conformance of IFC models. *SBIM-Reasoner* implements multi-threaded approach for embedding semantic querying and rule based approach for developing French building code compliance system. The main thread gets desired IFC models as input and triggers the *Parallel Execution* of *Pre-Processsors* for the execution of different tasks.

Conversion Pre-processor

First thread executes conversion pre-processor to build the semantic repository based on RDF triples equivalently converted from an IFC model. Figure 2 shows partial RDF triples of an IfcDoor object. *IFC-to-RDF* is a set of reusable Java component that allows parsing IFC files and converts them into RDF graphs. Our implementation deploys modified version of IFC-to-RDF conversion plug-in provided by Pauwels & Oraskari [24]. After conversion, underlying RDF semantic model acts as a foundation stone to execute all the verification rules. We also need to apply filtration to get an RDF equivalent compact triple file to avoid several IFC elements, such as *Person, Address, Material-List,* etc. Therefore, the same thread did filtration to get only relevant RDF triples from the IFC model.

```
inst:IfcDoor_97145        rdf:type  ifcowl:IfcDoor .
inst:IfcRelDefinesByType_52350
          rdf:type  ifcowl:IfcRelDefinesByType .
inst:IfcRelDefinesByType_52350
      ifcowl:globalId_IfcRoot  inst:IfcGloballyUniqueId_160839 ;
      ifcowl:relatedObjects_IfcRelDefines  inst:IfcDoor_97145 ;
      ifcowl:relatingType_IfcRelDefinesByType  inst:IfcDoorStyle_52344
inst:IfcGloballyUniqueId_160839
          rdf:type        ifcowl:IfcGloballyUniqueId ;
          express:hasString "3qYMHo3grMZeEQsPvsq6eM" .
```

Figure 2. Partial RDF Triples corresponding to an IfcDoor object

Geometric Pre-processor

Second thread executes geometric pre-processor to extract geometric related data from an IFC model. It employs *Geometry Render Engine* to extract geometric information and stores them as RDF triples in the semantic repository. Figure 3 illustrates the output triples corresponding to bounding box values of an IfcDoor object. Mainly there are two geometry render engine plugins available with the *BIM Server* named *IFCOPENSHELL* and *IFC Engine DLL.* These are helpful to extract geometry data about the IFC objects. The outputs of this preprocessor are the RDF triples which are formed from the extracted geometry data of relevant IFC objects. These two pre-processors are executed in parallel to gain time. The advantage of their parallel execution is that none of the threads wait for each other, their functionality is different so they can efficiently utilize the server processor to achieve their desired tasks. These threads propagate their results to the next thread. Once all RDF triples (i.e., Filtered RDF file of IFC model and RDF triples of Geometry data) are generated by first and second threads, third thread gets and loads these RDF triples into the triple store for the fast querying, searching, and analyzing of RDF triples.

```
inst:IfcDoor_30510 ifcowl:x_min 35.865970611572266.
inst:IfcDoor_30510 ifcowl:y_min 27.89296531677246.
inst:IfcDoor_30510 ifcowl:z_min 0.0.
inst:IfcDoor_30510 ifcowl:x_max 36.76597213745117.
inst:IfcDoor_30510 ifcowl:y_max 27.992965698242188.
inst:IfcDoor_30510 ifcowl:z_max 2.075000047683716.
```

Figure 3. RDF Triples corresponding to Bounding Boxes of an IfcDoor object

Rule Evaluator – Compliance Checker

Third Thread executes rule evaluator also called compliance checker as it performs the fundamental task of evaluating building model against building codes. It waits till it is triggered by the outputs of Converter thread and Geometry Extractor thread. It will start until both the threads finish their execution. The whole process is illustrated in Figure 4. All types of inference and reasoning mechanisms for the semantic verification are applied over this semantic RDF repository to meet the requirements of compliance checking, and in addition to discover additional information that is not explicitly stated in the initial data of the IFC model. We have integrated both forward chaining and backward chaining mechanisms (where appropriate) to build our semantic reasoner. Several newer concepts, SPARQL rules (statements and materialization) are applied to enrich the underlying semantic repository as per the demand of verification rules. Use of forward chaining mechanisms support the dynamic semantic verification for the future checks. Finally, SPARQL queries are performed over the semantic repository for the verification and code compliance of an IFC model. Figure 5 shows an example of SPARQL query to detect whether fire distinguisher is installed at some space in the building. This query is based on semantic rules *ifcowl:in and ifcowl:inStorey* which are also shown below the query. Once, it finds non-compliant objects in the IFC model, it presents them to the end-user as inconsistent elements in the building model. With the knowledge graph over RDF triples, we have the freedom of extending our semantic IFC model, creation of newer vocabulary and formation of newer rules, concatenation of RDF triples to build rules with condition and constraints over IFC data, dynamic reasoning over the RDF triples based on the initial data of IFC model, etc.

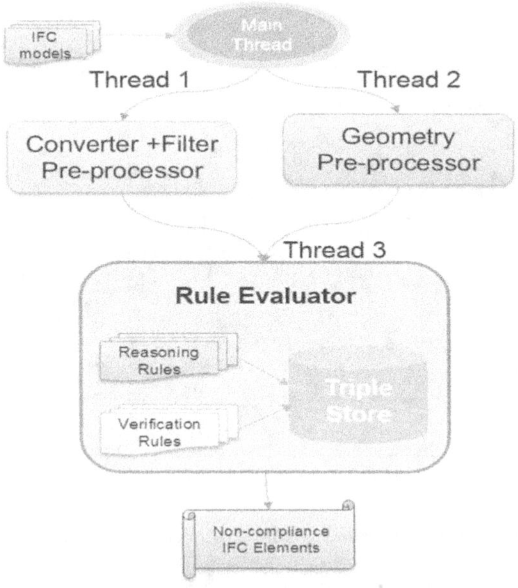

Figure 4. Multi-threaded Semantic Approach for the compliance checking
of IFC models Experimental Results and Analysis

We present experimental finding by various tests which were build using online IFC test models of various sizes and designs, such as Chanteloup (17 Mo), AC9R1-Haus (4 Mo), BIM-EM (2 Mo), Candidat (29 Mo), HITOS (63 Mo), and LcD (32 Mo). We have also developed IFC models at our CSTB enterprise named Batiment_CSTB (15 Mo), Maquette Test Checker (11 Mo), HAixFlowCtrl (13 Mo) and Liberty (12 Mo) to test the performance of SBIM-Reasoner. For presenting results in this paper, our test set contains only nine sparql queries corresponding to compliance checking rules. SBIM-Reasoner is executed on a Linux plateform with 4 vCPU Node on an Intel(R) Xeon(R) CPU having 2.30GHz with 26 GB memory. We took many different analysis parameters such as *number of RDF triples* in the RDF (turtle file) equivalent to IFC model, number of RDF triples in the semantic model (filtered turtle file) in the triple-store, estimated time taken by the *conversion pre-processor* and *geometric pre-processor*, etc. Table 1 presents statistical analysis of our experiments on various IFC models along with their values on analysis parameters. In our test experiment, there are IFC models of various sizes and structures. An IFC model named HITOS is the largest building model which has 62.5 Mb size with 205,631 number of RDF triples and BIM_EM is the smallest building model which has 1.9 Mb size with only 2,138 number of RDF triples. Figure 3 illustrates time taken by different pre-processors, i.e., IFC2RDF pre-processor, Geometric Pre-processor and Rule Evaluator on these IFC models. When the size of an IFC model is smaller, these pre-processors will not take much time to produce their outputs. But, when an IFC model is large enough having 60 MBs of size then the conversion process can take more than two minutes and geometric extraction can go beyond three minutes of processing. These two pre-processors take time as compared to rule evaluator which takes only few seconds to evaluate SPARQL query to verify building code rule once the underlying semantic repository is loaded with all the triples from conversion and geometric pre-processors.

```
SELECT ?name ?gid ?building
WHERE
{
  ?building a ifcowl:IfcBuilding ;
  ifcowl:gid ?gid ; ifcowl:oName ?name.
  FILTER NOT EXISTS {
          ?e ifcowl:in ?s . ?s ifcowl:inStorey ?st . ?st ifcowl:inStorey ?building .
          ?e ifcowl:type ifcowl:IfcFireSuppressionTerminalType     } .
}

IF {
          ?agr ifcowl:relatedObjects_IfcRelDecomposes ?element1 .
          ?agr ifcowl:relatingObject_IfcRelDecomposes ?element2 .
} THEN {
          ?element1 ifcowl:inStorey ?element2 . }


IF {
          ?r ifcowl:relatedElements_IfcRelContainedInSpatialStructure ?element1 .
          ?r ifcowl:relatingStructure_IfcRelContainedInSpatialStructure ?element2
} THEN {
          ?element1 ifcowl:in ?element2 .    }
```

Figure 5. Example of Sparql Query based on Semantic Rules

Table 1. Statistics of sub-components of SBIM-Reasoner on various test building models

IFC model	IFC Size (Mb)	No of RDF triples	IFC-to-RDF Conversion (sec)	Geometry Extraction (sec)	Rule Evaluator (sec)	Total (sec) version 1	Total (sec) Multi-Threading
HITOS	62.5	205,631	205	308	50	563	358
AC9R1-Haus	4.4	10,982	17	10	16	43	33
BIM_EM	1.9	2,138	16	10	14	40	30
Candidat-23_04	28.9	132,115	48	65	37	150	102
Chanteloup	17.1	142,668	41	31	28	100	69
LcD	32.4	132,845	97	103	41	241	144
Batiment_CSTB	14.9	13,973	40	27	20	87	60
Maq.Test Checker	11.2	100,230	32	19	16	67	48
HAixFlowCtrl	13.1	21,549	39	22	23	84	62
Liberty_V3	12.2	86,545	38	23	21	82	59

Figure 6 shows the statistics of different components of *S-BIM Reasoner*. Our first version implementation is without multi-threading where pre-processors run sequentially. Our system gets input of an IFC model along with the rule set to be verified on the building model. It invokes conversion pre-processor, and loads the equivalent RDF triples into triple store. Then it runs the geometric pre-processor and gets the bounding box values (i.e., min/max values X, Y and Z coordinates) and updates the triple store with the geometric RDF triples. Finally Rule Evaluator runs the SPARQL queries to verify the compliance of building codes. Later in our implementation, we adopted multi-threaded approach where geometric and conversion pre-processors run parallel to produce output RDF triples. The values of these two approaches are illustrated and compared in the Figure 7. We conclude that for such modules where execution can be done separately, multi-threading can benefit and gain time. It is highly visible when an IFC model is large (in the case of HITOS IFC model), parallel processing and CPU utilization reveals these pre-processors to execute simultaneously resulting the whole process take lesser time to achieve the whole functionality.

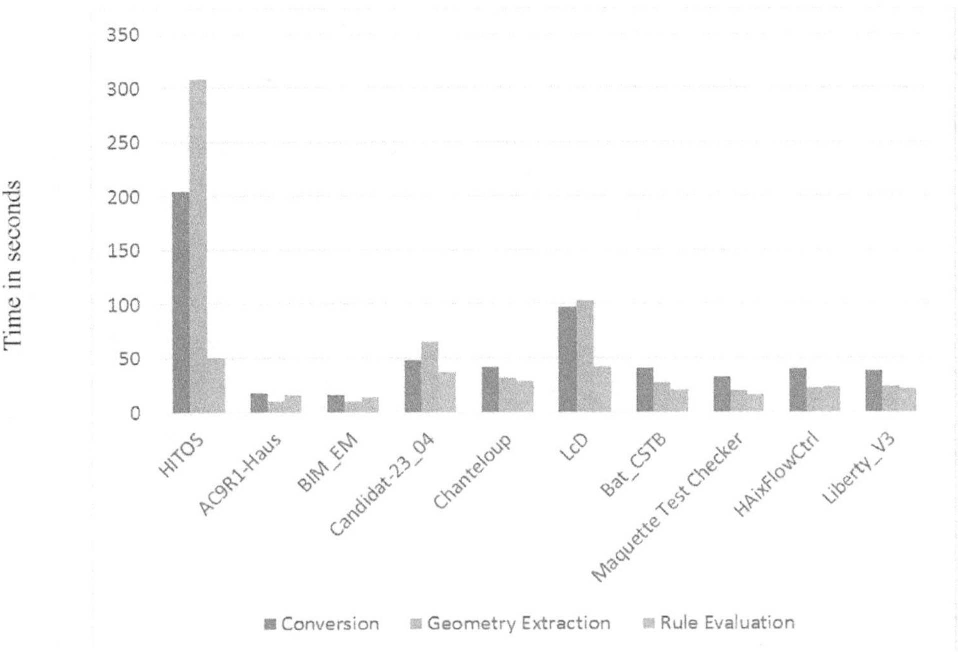

Figure 6. Time taken by various Pre-processors (IFC2RDF, Geometric Pre-processor and Rule Evaluator)

The prominent features of adopting semantic approach for building conformance checking are:

- For achieving semantic approach based on semantic technologies, it is necessary to transform an IFC model into RDF model and then perform the compliance analysis. But in the MVD based approach, all the conformance checking can be performed directly on an IFC model. This also means that run-time execution of MVD approach is better than the semantic approach but it has many limitations as we cannot apply all of our desired conformance rules over IFC building model directly via MVDs. Complex nature of IFC makes the information retrieval difficult and application of compliance rule analysis, and as a consequence it affects the validation process of mvdXML rules. In addition, MVDs do not provide enough mechanisms to construct all types of conformance rules. Many tasks for an IFC model, such as information retrieval, compliance analysis, etc., cannot be fulfilled and also do not achieve real-time performance in the real-world BIM scenarios.

- As compared to MVD approach with IfcDoc tool or BIM Server, semantic approach is flexible and requires lesser time to build new rules. As the semantic web approach is based on the concatenation of triples, it is easy to add triples to achieve conformance checking of building models. Creating MVD rules are difficult and also promotes less understandability to end-users. SPARQL queries can be modified easily with the new or customized conditions and constraints for the conformance checking against the triple store.

- In MVDXML, we cannot specify rules on geometric aspects. Therefore, we cannot achieve Geometric related verification in MVD approach for the conformance rule checking, but it can be analyzed in the semantic approach. Once geometric RDF triples from the IFC file are extracted and integrated in the triple store, it is easy to meet conformance checking requirements via concatenation of RDF triples.

- Besides flexibility, reasoning is another advantage of Semantic technology, as the IfcDoc tool does not provide any justifications about the inconsistency IFC elements. With the semantic queries and rules, we can identify reasons of inconsistencies and anomalies via RDF graph traversals.
- The semantic approach can be exploited or developed by the multi-sector, but for achieving MVD rules, the need of expert from construction domain is vital due to complex format and expressivity of MVD.

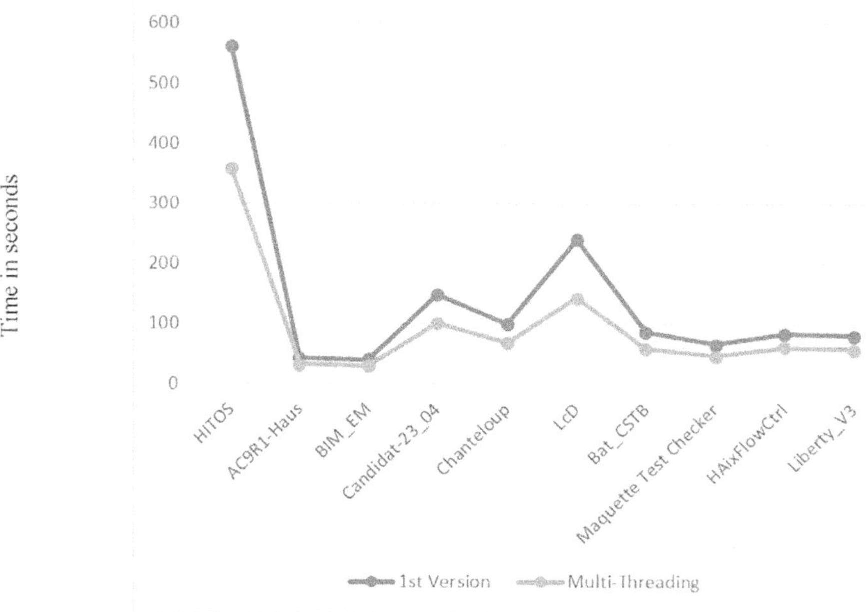

Figure 7. Time taken by Simple vs. Multi-threaded Approach

Conclusion

Implementing compliance checking over IFC models is fundamental to address when the question about the evaluation of an IFC model comes in the context of BIM. Detection of inconsistent and non-compliant IFC objects is necessary to ensure quality and reliability for the considered IFC model in the entire life-cycle of BIM. Compliance checking is an exhaustive process which cannot be done manually, in addition requires revolutionized advanced technology to process due to complex inherent nature of an IFC model itself. In this paper, we evaluated the idea to formulize building code rule as a semantic SPARQL query and then execute it on the building model to check the possibility of non-compliant elements in the building model. We have built a research prototype named *SBIM-Reasoner* which employs semantic approach for the building code conformance checking. We have tested and concluded that mixed approach based on semantic queries and rules can be easily extended, configured and deployed for the dynamic and changing BIM environment having broad spectrum of functionalities for the conformance checking of IFC models. We have also analyzed how multi-threaded approach can benefit our solution by comparing run-time of our two implementations with and without threading. On the basis of several analysis parameters, we have shown encouraging results by several tests on the *SBIM-Reasoner*. We have also found that multi-threading based approach served best and provided faster computation for the conformance checking of IFC models.

Bibliography

[1]   Rebekka, J., Stengel, F., Schultmann, 2014, "Building Information Modeling (BIM) for existing buildings–Literature review and future needs", *Automation in construction*, vol. 38, pp. 109-127, doi: 10.1016/j.autcon.2013.10.023

[2]   Eastman, C., Teicholz, P., Sacks, R., Liston, K., 2008 "BIM Handbook: A Guide to Building Information Modeling for Owners, Managers, Designers, Engineers, and Contractors," Hoboken, New Jersey, Wiley.

[3]   Thein, V., Industry Foundation Classes (IFC), 2011, "BIM Interoperability Through a Vendor-Independent File Format," A Bentley White Paper.

[4]   Building Smart, International home of openBIM, https://www.buildingsmart.org/standards/ [last access: jan 2019]

[5]   Chipman, T., Liebich, T., and Weise, M., 2016, "MvdXML specification of a standardized format to define and exchange MVD with exchange requirements and validation Rules," version 1.1 Final. Available at: http://www.buildingsmart-tech.org/downloads/ mvdxml /mvdxml-1.1/final/mvdxml-1-1-documentation

[6]   Mendes de Farias, T., Roxin, A., and Nicolle, C., 2016, "A Semantic Web Approach for defining Building Views," buildingSMART Summit Jeju, Korea, 28 Sept.

[7]   Horrocks, I., Patel-Schneider, P.F., Boley, H., Tabet, S., Grosof, B., and Dean, M., 2004, "SWRL: A Semantic Web Rule Language Combining OWL and RuleML"

[8]   Brickley, D., Guha, R.V., and McBride, B., 2019, "RDF vocabulary description language 1.0: RDF Schema," W3C Recommendation 2004. [last access: jan 2019]

[9]   SPARQL Query Language for RDF, http://www.w3.org/TR/rdf-sparql-query/, [last access: jan 2019]

[10] Choi, J., and Kim, I., 2008, "An Approach to Share Architectural Drawing Information and Document Information for Automated Code Checking System", *Tsinghua Science & Technology*, 13 (1), pp. 171-178

[11] Eastman, C, Lee, J-m, Jeong, Y-s and Lee, J-k, 2009, "Automatic rule-based checking of building designs", *Automation in Construction,* 18 (8), pp. 1011-1033

[12] Haraldsen, M, Stray, TD, Päivärinta, T, and Sein, M.K., 2004, "Developing e-Government Portals: From Life-Events through Genres to Requirements" in Rolland, KHR (ed.), Proceedings of 11th Norwegian Conference on Information Systems, Stavanger, pp. 44-70.

[13] Wix, J. Nisbet, N. and Liebich, T., 2008, "Using constraints to validate and check building information models", *EWork and EBuisness in Architecture, Engineering and Construction: ECPPM 2008,* CRC Press, pp. 467- 475, 492 p.

[14] Zhang, C., Beetz, J., Weise, M., 2014, "Model view checking: automated validation for IFC building models". In Mahdavi, ed. *eWork and eBusiness in Architecture, Engineering and Construction: ECPPM.*

[15] Bouzidi, K. R., Fies, B., Faron-Zucker, C., Zarli, A. and Thanh N. Le, 2012, "Semantic Web Approach to Ease Regulation Compliance Checking in Construction Industry", Future Internet, Special Issue Semantic Interoperability and Knowledge Building, 4 (3). pp. 830-851

[16] Khemlani, L., 2009, "Solibri model checker," AECbytes Product Review March 31

[17] IfcDoc Tool, available at: http://www.buildingsmart-tech.org/specifications/specification-tools/IfcDoc-tool/IfcDoc-help-page-section/IfcDoc.pdf, 2012. [last access: jan 2019]

[18] Friedman-Hill, E., 2003, "Jess in Action: Rule Based Systems in Java", Manning Publications, ISBN 1-930110-89-8

[19] Berners-Lee, T., Connolly, D., Kagal, L., Scharf, Y., and Hendler, J., 2008, "N3Logic: A logical framework for the World Wide Web", *Theory and Practice of Logic Programming.* vol. 8 (3), pp. 249-269, doi:10.1017/S1471068407003213

[20] Wicaksono, H., Dobreva, P., Häfner, P., and Rogalski, S., 2013, "Ontology development towards expressive and reasoning-enabled building information model for an intelligent energy management system," Proc. of the 5th KEOD, pp. 38-47, SciTePress

[21] Pauwels, P., Deursen, D. Van, Verstraeten, R., Roo, J. De, Meyer, R. De, Walle, R. Van de, and Campenhout, J. Van, 2011, "A semantic rule checking environment for building performance checking," *Automation in Construction*, 20 (5), pp. 506-518

[22] Kadolsky, M., Baumgärtel, K., and Scherer, R.J., 2014, "An ontology framework for rule-based inspection of eeBIM-systems", Procedia Engineering. vol. 85, pp. 293-301, doi:10.1016/j.proeng.2014.10.554

[23] Fahad, M., Bus, N., Fies, B., 2017, "Semantic BIM Reasoner for the verification of IFC Models", *eWork and eBusiness in Architecture, Engineering and Construction: ECPPM 2017*, Denmark

[24] Pauwels, P. and Oraskari, J., "IFC-to-RDF Converter" https://github.com/IDLabResearch/IFC-to-RDF-converter, [last access: jan 2019]

[25] Terkaj, W., and Pauwels, P., "IfcOWL ontology file for IFC4" (2014). Available at: http://linkedbuildingdata.net/resources/IFC4_ADD1.owl [last access: jan 2019]

[26] Preidel, C., Borrmann, A., 2015, "Automated code compliance checking based on a visual language and building information modeling", ISARC Proc. Int. Symp. Autom. Robot. Constr. Department of Construction Economics & Property, Vilnius, Gediminas Technical University

[27] Fortineau, V., Fiorentini, X., Paviot, T., Louis-Sidney, L., 2014, "Expressing formal rules within ontology-based models using SWRL: an application to the nuclear industry", *International Journal of Product Lifecycle Management*

La question de la propriété intellectuelle

Pierre Benning (Bouygues Travaux Publics), Sabine Ayraud (FNTP),
Vincent Cousin (Processus & Innovation), Louis Demilecamps (MINnD)

Abstract

We propose a study of the consequences in law of the adoption of BIM approaches in engineering and construction companies. The questions we ask, as actors in the construction industry, concern the ownership of the data and of the models that are created between the different actors during the project. A company that creates its models also introduces know-how. It may wish to reuse them beyond the project. How can companies protect their data as part of BIM? What is the impact of changes introduced by BIM on contracts? In which legal frameworks should we interpret the new processes and exchanges between the actors of the BIM process? We, for our part, have identified the IP rights and more specifically the right of the author and the right of the data bases developer. We explore what this part of the law can contribute to BIM and we make proposals regarding the evolution of the law and the implementation of the legal aspects mobilized by digitalization in a BIM approach.

Keywords

Intellectual Property, Data Law, Works Law, BIM Approach Guide

Résumé

Nous proposons une étude des conséquences en droit de l'adoption de démarches BIM dans les entreprises d'ingénierie et de la construction. Les questions que nous posons, en tant qu'acteurs de la filière Bâtiments et travaux publics BTP concernent la propriété des données et des modèles qui sont créés entre les différents acteurs pendant le projet. Une entreprise qui crée ses modèles y introduit aussi du savoir-faire. Elle peut souhaiter les réutiliser au-delà du projet. Comment les entreprises peuvent-elles protéger leurs données dans le cadre du BIM ? Quel est l'impact des changements introduits par le BIM sur les contrats ? Dans quels cadres juridiques faut-il interpréter les nouveaux processus et échanges entre les acteurs du processus BIM ? Nous avons, pour notre part, identifié la problématique de la propriété intellectuelle, plus précisément du droit d'auteur et du droit des producteurs de bases de données. Nous explorons ce que cette partie du droit peut apporter au BIM et nous faisons des propositions concernant l'évolution du droit et concernant la mise en pratique des aspects juridiques mobilisés par le numérique dans une démarche BIM.

Mots-clefs

Propriété Intellectuelle, droit des données, droit des œuvres, guide démarche BIM

Introduction

Bien qu'à l'origine le BIM n'ait été perçu que comme un changement technologique, aujourd'hui, la plupart des experts s'accordent à dire que cette innovation intègre les processus et les politiques industrielles. L'acronyme a connu un succès croissant jusqu'à devenir synonyme d'innovation numérique dans le BTP. La plupart des études consacrées au sujet convergent pour dire que la nature du BIM est principalement collaborative et repose sur la transparence et la confiance. En outre, elles estiment que l'adoption d'une démarche BIM devrait faciliter la prise de décision et que l'anticipation des choix devrait réduire les conflits. Jusqu'à présent, il a plutôt été pointé le manque de contrats élaborés en tenant compte des nouvelles dispositions liées au BIM, sans se pencher sur les aspects inhérents de la propriété intellectuelle des données et des impacts sur les responsabilités.

Le BIM, comme environnement numérique collaboratif de conception, de réalisation, de suivi des projets de construction, de leur exploitation et de leur maintenance, nécessite une convergence accrue des acteurs pour des ouvrages mieux intégrés dans leur environnement, tout au long de leur cycle de vie. L'objectif est de produire une maquette numérique du projet et des bases de données associées, auxquelles sont évidemment attachés des droits de propriété intellectuelle (PI). Le fait d'exploiter les gains en apprentissage par la pratique devrait permettre à l'entreprise pionnière d'avoir un avantage concurrentiel et doit donc être protégé (Lallement, 2018), y compris, jusqu'à des technologies complémentaires qui protègent des savoir-faire particuliers (Teece, 1986).

Les données échangées doivent être interopérables pour que les acteurs collaborent efficacement entre eux malgré les différents logiciels utilisés. Le BIM se situe donc logiquement au croisement du droit du numérique et du droit de la construction. Le modèle, concrètement, contient des données créées ou introduites par plusieurs acteurs qui sont impliqués dans le projet et partagent un espace collaboratif. Pour permettre l'exploitation sereine des modèles, la question de la propriété des informations doit être nécessairement traitée par le contrat.

Cet article a pour objet d'aborder la PI dans le domaine du BIM appliqué aux infrastructures. La PI est abordée par la suite sous deux de ses aspects : le droit d'auteur et le droit des bases de données.

1. Le projet BIM dans l'entreprise comme contexte technologique de l'évolution juridique nécessaire

Les acteurs principaux (le maître d'ouvrage, le maître d'œuvre, les entreprises et l'exploitant) doivent définir des processus de collaboration autour d'une ou plusieurs maquettes numériques. Les industriels fournisseurs du BTP sont également directement concernés par le BIM à travers la mise en place des catalogues électroniques de leurs produits. Ces catalogues référencent les objets manufacturés incorporés aux ouvrages ou nécessaires à leur réalisation. Outre ces acteurs, l'État et les collectivités doivent veiller au respect de la règlementation s'agissant des données BIM, assimilables pour partie à des données publiques.

Les notions et concepts sous-jacents au BIM relèvent tout autant de considérations sur le modèle de l'objet à construire que sur le processus d'élaboration dudit modèle. La mise en place de relations contractuelles fluides entre les acteurs du processus, et partant de contrats explicitant fidèlement les droits et devoirs des cocontractants, repose sur une bonne perception des enjeux. Ce qui est en jeu, c'est l'ensemble des activités d'ingénierie qui sont touchées par la révolution numérique.

Cette ingénierie ne se limite pas à l'activité de conception d'un nouvel ouvrage à construire. Elle couvre également l'élaboration des modèles des objets et de leur mise en œuvre tout au long de son cycle de vie : programmation, conception, construction, utilisation, maintenance, recyclage. Les termes de « modèle de l'objet » font référence à toute forme de représentation de l'objet (maquette numérique, esquisse ou dessin, maquette en polystyrène, etc.) issue de la représentation mentale de l'objet, sur laquelle, ou à partir de laquelle, l'être humain travaille ou opère.

Les bases de données générées par une démarche BIM comprennent l'ensemble des données du projet et recensent toutes les informations sur les différents objets qui composent l'ouvrage : matériaux, éléments structurels, second œuvre, équipements, systèmes et schémas. La maquette numérique est la représentation virtuelle de l'ouvrage à réaliser.

S'agissant des infrastructures et des travaux publics en général, le BIM s'étend donc à toutes les informations utilisées, quelle que soit la période de vie de l'infrastructure, et quel que soit l'acteur impliqué. Les dispositifs juridiques concernant la PI devront suivre. Les stratégies des sociétés en matière de propriété intellectuelle sont liées aux caractéristiques du régime technologique de leur secteur. On peut distinguer 4 grands types de stratégie de propriété intellectuelle (Lallement, 2018). Le droit de la PI apparaît donc comme des instruments critiques pour coordonner les activités innovantes entre entreprises. Et il faut les penser dans une économie orientée vers la connaissance comme le proposent Cohendet et Pénin (2011), non seulement dans une dynamique d'exclusion des contrefacteurs potentiels, mais aussi d'inclusion des parties prenantes hétérogènes du processus d'innovation. Le droit de la PI doit faciliter la coordination via deux mécanismes : favoriser l'émergence des technologies numériques dans les marchés et jouer un rôle dans les processus formels et la collaboration informelle entre entreprises.

1.1.　Le BIM nécessite une information numérisée, structurée selon un certain référentiel et échangeable

La transformation numérique d'une activité suppose qu'une fois la transformation effectuée, les connaissances et informations nécessaires à l'exercice de l'activité soient directement interprétables et traitables par des machines, que ce soient des ordinateurs ou dans le cas des infrastructures, également par des engins de chantier, des ateliers de préfabrication, etc.

Chaque élément d'information, chaque donnée s'inscrit dans un champ de connaissances possédant ses propres dictionnaires, syntaxes et grammaires relationnels. Pour nombre de ces informations, celles-ci doivent aussi permettre la représentation de l'ouvrage dans l'espace tridimensionnel courant et dans l'environnement physique touché, y compris la biosphère.

Le champ des infrastructures requiert des connaissances très variées, complexes et enseignées dans de nombreuses universités et grandes écoles. L'enjeu est de formaliser ce savoir de manière précise (pour permettre le traitement par des machines et ne perdre aucun élément de richesse des métiers nécessaires) et souple (pour être adaptable aux réalités changeantes des projets d'infrastructures et de leurs environnements, ainsi que pour rester interopérable avec les connaissances des domaines touchés). C'est donc tout le champ de l'ingénierie des infrastructures qui doit être formalisé et structuré par un certain nombre de référentiels. Certains seront très généraux et applicables quels que soient les projets, et d'autres plus particuliers à chaque type d'infrastructures (ponts, tunnels, réseaux…). D'autres enfin spécifiques et attachés à un projet spécifique.

Une fois ces référentiels définis et acceptés, le développement de l'ingénierie d'un projet d'infrastructure[1] peut se mettre en place depuis la phase de définition des besoins (point de vue opérationnel ou de l'opérateur ou des usagers) jusqu'à la phase de réalisation (vue organique ou description physique de l'infrastructure).

Concrètement, cela suppose que toutes ces informations soient :

- conformes à des normes (données créées et incluses par l'ensemble des logiciels de modélisation et de simulation) ou à des spécifications particulières au projet (exigences) ;
- échangeables entre logiciels sans perte d'information (export/import) si possible dans un format neutre interopérable ;
- pérennes dans le temps (pour son exploitation et réutilisation futures), car non stockées dans un format propriétaire défini par un éditeur de logiciel unique.

1.2.　Le BIM nécessite des formulations juridiques différentes suivant les niveaux de maturité

Pour chaque projet, il revient à l'exploitant de l'ouvrage ou au maître d'ouvrage de compléter les définitions génériques (voire standardisées) disponibles de façon à fixer les cadres et objec-

---

1　C'est-à-dire l'établissement de la description nominale de l'ouvrage à réaliser et de son organisation d'exploitation.

tifs de la transformation numérique (ou du BIM) qu'il souhaite voir suivis par les divers intervenants. Il impliquera ces derniers au fur et à mesure de l'avancement de son projet.

Au premier rang des objectifs énoncés doivent figurer ceux du maître d'ouvrage et ceux de l'exploitant. L'enrichissement des objectifs et du niveau d'implémentation du BIM doit également satisfaire les besoins ultérieurs des nouveaux intervenants sollicités au cours de l'opération : maître d'œuvre et entreprises, sous-traitants et fournisseurs.

Le BIM comporte plusieurs niveaux[1], considérés comme des niveaux de maturité. Ces niveaux sont en fait des étapes vers le BIM collaboratif le plus abouti. Les niveaux 0, 1 et 2 ne doivent donc être considérés que comme des étapes.

- BIM Niveau 0 : c'est le niveau de la conception en CAO 2D, non gérée ou non structurée, qui ne permet aucune collaboration numérique efficace.
- BIM Niveau 1 : c'est un mélange de 2D et de maquette numérique 3D, nécessitant des données structurées. Mais il n'y a pas de collaboration à proprement parler, car chaque contributeur publie et met à jour ses données individuellement. Le partage électronique et la diffusion des plans habituellement 2D (PDF ou fichiers natifs) entre les différents acteurs se font via un environnement commun de données (CDE).
- BIM Niveau 2 : c'est le début de la vraie collaboration. Chaque contributeur produit une maquette numérique 3D, échangés en utilisant un format de fichier natif ou IFC. Cet échange permet de combiner tous les modèles en un seul modèle agrégé, unique et fédéré. Le BIM niveau 2 + IFC est communément appelé niveau 2i.
- BIM Niveau 3 ou iBIM : un modèle unique au format IFC est stocké et partagé sur un serveur centralisé, accessible par tous les intervenants et durant toute la durée de vie de l'ouvrage. Les échanges portent alors essentiellement sur des données. Le BIM niveau 3 n'est pas envisageable actuellement, car la technologie n'est pas encore opérationnelle, mais aussi parce que les normes et les spécifications contractuelles ne sont pas encore disponibles.

1.3.   La nature du marché influence l'expression juridique

Dans un souci de simplicité, nous donnons ici (Figure 1) l'exemple d'un seul type de marché : le marché de conception-réalisation (MCR), d'autres types de marché peuvent être représentés de la même façon (MINnD, 2019). Dans ce marché de conception-réalisation, la mission porte à la fois sur l'établissement des études et l'exécution des travaux[2].

Un tel marché est confié à un groupement de personnes ou à un seul opérateur pour les ouvrages d'infrastructures. Parmi les conditions d'exécution d'un marché public global figure l'obligation d'identifier une équipe de maîtrise d'œuvre chargée de la conception de l'ouvrage et du suivi de sa réalisation. Ce marché déroge au principe de séparation études/réalisation posé par l'article 7 de la loi MOP[3]. Le recours à ce type de marché est strictement encadré par l'article 18-I de la loi MOP. Les conditions de recours acceptés sont soit des motifs d'ordre technique, soit un engagement contractuel sur un niveau d'amélioration de l'efficacité éner-

---

1   Nous rappelons ici les niveaux adoptés par la norme ISO 19650-1 Organization of information about construction works - Information management using building information modelling - Part 1: Concepts and Principles.

2   Article L2171-2 du Code de la commande publique

3   Loi MOP : Loi N° 85-704 du 12 juillet 1985 relative à la maîtrise d'ouvrage publique et à ses rapports avec la maîtrise d'œuvre privée

gétique. Ce type de marché rend nécessaire l'association de l'entrepreneur aux études de l'ouvrage, ce qui aura une implication sur les droits de PI des différents partenaires, ainsi que le titulaire du marché : groupement de personnes ou opérateur unique.

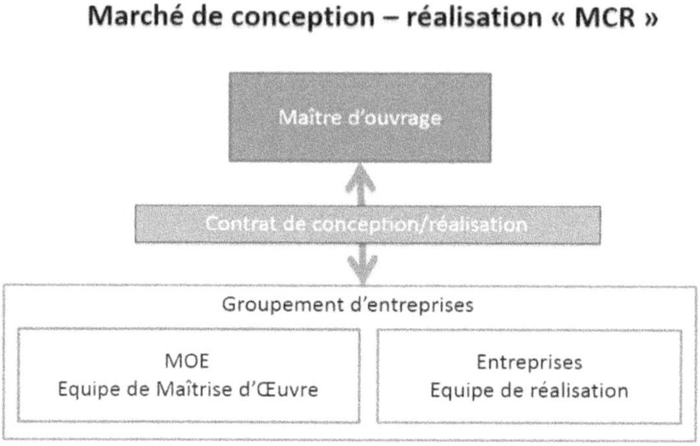

Marché de conception – réalisation « MCR »

Figure 1. Exemple du marché conception-réalisation

Remarquons également que, sur ces questions économiques, des travaux supplémentaires s'avèrent nécessaires et concernent le thème de la propriété intellectuelle. En effet, le BIM ne peut que modifier de façon conséquente le modèle économique des entreprises du BTP et des coopérations contractuelles effectuées entre les sociétés pour réaliser un projet de BTP. La discussion sur la nature du produit livré : ouvrage physique mais aussi « jumeau numérique » pose avec acuité la question de la propriété intellectuelle et des données. D'autres secteurs d'activité ont eu à discuter dans un contexte de déplacement des valeurs, l'évolution du partage des valeurs dans l'exploitation des biens intellectuels (Lyubareva et al, 2013). Question qui ne peut que s'accentuer, dans un contexte très international d'exploitation des biens intellectuels (Binctin, 2018 ; Vivant, 2004) comme le sont d'ores et déjà les grands projets de BTP sur différents continents.

Des travaux sont donc nécessaires pour contribuer à une réflexion sur l'évolution du modèle économique avec le BIM, par exemple :

1. en suivant des étapes systématiques de composition du modèle (Osterwalder et Pigneur, 2010) ;

2. en s'inscrivant dans cette démarche, que nous voulons initier ici, de développer le point de vue de l'exploitation de la propriété intellectuelle dans l'adoption d'une démarche BIM de l'entreprise (Binctin, 2015) ;

3. et en gardant à l'esprit que la PI fait partie du système d'innovation et ne doit pas être considérée de façon isolée (Stiglitz, 2008).

2. Le contexte législatif, règlementaire et institutionnel de la construction

L'activité du secteur Construction, dont celui des infrastructures, repose largement sur la commande publique et ses processus servent souvent aussi de modèle à la commande privée, pour laquelle la liberté contractuelle permet de réconcilier les attentes de tous les acteurs (Piatti, 2017). L'analyse des textes régissant la commande publique est donc importante pour situer le cadre dans lequel doit se mettre en place l'organisation des différents acteurs, notamment la directive européenne « marchés publics » (et sa transposition en droit français), ainsi que la directive européenne Inspire (voir §2.3) relative à l'information géographique.

Nous ne traiterons pas de la maquette considérée comme une invention. Seuls certains procédés informatiques qui aboutissent à un effet technique peuvent être protégés par un brevet d'invention. La maquette numérique ne pourrait faire l'objet d'un brevet que si un procédé informatique novateur aboutissait à un effet technique lui-même novateur.

De plus en plus, il est nécessaire d'intégrer à la liste des partenaires, l'entrée de nouvelles sociétés comme les fournisseurs de modules matériels et intellectuels (Guilhon, 2008). Il faudra également tenir compte de la création de connaissance collaborative donnant lieu à des produits : bases de données, interprétation de normes, modules logiciels relevant de la PI des entreprises impliquées.

2.1. La notion de données publiques

La notion de donnée publique est définie dans la loi du 7 octobre 2016 pour une République numérique[1].

La donnée publique peut ainsi être définie comme l'information contenue dans tout document produit ou reçu par une personne agissant dans le cadre d'une mission de service public. La personne peut être l'État, une collectivité territoriale, un établissement public administratif ou une personne privée. La donnée est publique si elle est produite ou reçue dans l'accomplissement d'une mission qui satisfait à l'intérêt général.

Le Code des relations entre le public et l'administration prévoit le libre accès des données publiques, leur libre réutilisation y compris à des fins privées et commerciales et leur gratuité. Toutefois ces principes ne sont pas absolus.

Selon le principe de libre réutilisation, les données publiques doivent profiter à tous les tiers potentiellement intéressés et non à un seul acteur. Pour autant, ce principe ne s'applique pas s'il existe des droits antérieurs de propriété intellectuelle des tiers (droits d'auteur et droit sui generis des bases de données)[2].

Concernant la gratuité, le principe connaît des aménagements puisqu'il arrive que certaines données publiques soient payantes. Dans ce cas, le montant de la redevance d'utilisation est

---

1   Article L.300-2 du Code des relations entre le public et l'administration.

2   La cession exclusive du droit à réutilisation, a priori contradictoire avec la libre réutilisation, n'est donc envisageable que dans deux cas : lorsque que la mission d'intérêt gégénéral ne peut être menée à bien que si le prestataire bénéficie de l'exclusivité, en cas de numérisation des ressources culturelles. L'exclusivité est alors accordée pour une durée maximale de dix ans et est réexaminée tous les trois ans.

plafonné, celle-ci ayant pour objet de couvrir les frais de gestion ayant trait à la base de données[1].

2.2. La loi MOP – loi relative à la maîtrise d'ouvrage et à ses rapports avec la maîtrise d'œuvre privée

La plupart des marchés publics de travaux sont régis par la loi MOP du 12 juillet 1985 et par son décret d'application de 1993. Cette loi a été intégrée dans le Code de la commande publique entré en vigueur le 1er avril 2019[2].

L'acheteur détermine les besoins et confie les études de conception à un maître d'œuvre (missions). Les travaux sont ensuite confiés à une ou plusieurs entreprises de travaux. Cette distinction des rôles est régie par l'article 7 alinéa 2 de la loi de 1985 : « Pour la réalisation d'un ouvrage, la mission de maîtrise d'œuvre est distincte de celle d'entrepreneur ». L'acheteur peut être aidé d'un assistant à maîtrise d'ouvrage (AMO). Il faut remarquer que la phase exploitation n'est pas traitée par la loi MOP.

Les enjeux juridiques de l'adoption du BIM nécessitent de faire correspondre les éléments de mission du maître d'œuvre (MOE) avec l'utilisation de la maquette numérique en proposant un cahier des clauses techniques particulières au marché de maîtrise d'œuvre adapté. Le cas échéant, le maître d'ouvrage peut prévoir des missions complémentaires de MOE comme la mise en place d'une maquette numérique exploitation-maintenance.

Quoi qu'il en soit, il ne doit pas y avoir de limitation à l'accès des entreprises à la commande publique. Dans la phase transitoire actuelle où le BIM n'est pas encore maîtrisé par tous les acteurs, l'adéquation entre l'importance du marché, les acteurs sollicités et les exigences de moyens doit être examinée avec soin.

2.3. La directive Inspire

Il convient de souligner le rôle que joue la réglementation européenne et plus particulièrement la directive Inspire de 2007, revue en 2014[3], qui vise à établir une infrastructure d'information géographique dans la Communauté européenne pour favoriser la protection de l'environnement.

Les maquettes numériques d'infrastructures doivent prendre en compte de nombreuses données environnementales. En retour, elles sont amenées à en produire de nouvelles pour informer les tiers des modifications apportées à l'environnement. L'utilisation et la production de ces données nécessitent aussi que soient précisées les notions de propriété et de responsabilité qui leur sont associées.

---

1   Comme le rappelle le rapport Trojette, « Les coûts marginaux inhérents à la diffusion des informations sur les plateformes peuvent éventuellement être couverts par une redevance, sous réserve qu'elle ne constitue ni un frein à la réutilisation ni une barrière à l'entrée des ré utilisateurs ». Ouverture des données publiques : les exceptions au principe de gratuité sont-elles toutes légitimes ? Juillet 2013, rapport remis au Premier ministre.

2   Ordonnance n° 2018-1074 du 26 novembre 2018 portant sur la partie législative du Code de la commande publique et décret n° 2018-1075 du 3 décembre 2018 portant partie règlementaire du Code de la commande publique.

3   Directive 2007/2/CE du 14 mars 2007 : pour plus de renseignements, il est recommandé de se référer à l'ouvrage de simplification *La directive Inspire pour les néophytes*, version 4.5 du 12 octobre 2016 publiée sous licence LO par Etalab ou au chapitre 5.3 « La prise en compte de la directive INSPIRE » de ce document.

Les conséquences de la directive Inspire et de sa transposition sont potentiellement porteuses d'une révolution pour les infrastructures et leur modélisation 3D. Ces modèles 3D des infrastructures peuvent effectivement intégrer l'ensemble des données environnementales très larges listées dans les annexes de la directive Inspire.

3. Le contexte juridique : le droit de la propriété intellectuelle

Nous avons exploré les règles applicables aux acteurs du BIM en matière de marché public. Nous exposons ici, ce que nous avons retenu comme constituant le « contexte juridique » de notre problématique.

3.1. La propriété intellectuelle

La propriété intellectuelle comprend notamment le droit d'auteur (Bruguière et Vivant, 2019), le droit des brevets d'invention et des marques. Les droits de propriété intellectuelle sont un des éléments des actifs immatériels d'une entreprise. Toute entreprise, quelle que ce soit sa taille, est concernée par cet aspect de sa valorisation. Dans le secteur de la construction, le droit d'auteur protège l'œuvre architecturale. Ainsi, l'architecte est en théorie l'acteur le plus à même d'exprimer sa personnalité dans le projet, et juridiquement le plus souvent considéré comme l'auteur. Toutefois, il n'existe pas de restriction à ce qu'un ingénieur, un paysagiste ou un maître d'ouvrage soit auteur d'une œuvre architecturale. Cette œuvre architecturale fait partie de la liste des œuvres de l'esprit énumérées par le Code de la propriété intellectuelle (CPI) au même titre que les plans, croquis et maquettes[1]. Cette liste n'est pas limitative.

Pour accéder à cette protection par le droit d'auteur, la création formalisée doit être originale. Traditionnellement, la condition d'originalité est définie comme la marque, la trace, l'empreinte de la personnalité du créateur dans l'œuvre. Cette originalité, en droit français, doit être le fait d'une personne physique[2]. Par contre, les plans qui ont uniquement pour objet de traduire graphiquement des calculs théoriques et qui appliquent des règles techniques et des lois physiques, ne remplissent pas la condition d'originalité. Dans cette hypothèse, ces plans et les notes de calcul ne sont pas protégés par le droit d'auteur.

L'auteur dispose d'un droit de propriété incorporel et opposable à tous, sur les plans qu'il a réalisés. Parmi ces droits figure le droit de reproduction exclusif qui permet la réutilisation et l'exécution répétée d'un plan ou d'un projet type. En conséquence, la reproduction et la réutilisation de plans sont illicites et peuvent donner lieu à des poursuites pénales si elles sont effectuées sans l'autorisation de leur(s) auteur(s) ou s'il n'a pas pu être apporté la preuve d'une cession des droits attachés aux plans. Par contre, la gestion contractuelle des droits d'auteur est nécessaire pour une exploitation licite des plans par l'entreprise de construction. En conséquence, le maître d'ouvrage n'est pas fondé à se prévaloir de l'acquisition de la propriété des supports matériels (plans, maquettes, ouvrage bâti, équipements, etc.) pour s'opposer à l'exer-

---

1 Article L. 112-2 du Code de la propriété intellectuelle.
2 Cass. civ. 1re, 19 févr. 1991, pourvoi n°89-14402 : *Bull. civ. I*, n° 67.

cice des droits de l'auteur sur son œuvre[1]. La dimension numérique de l'expression originale est, a priori, indifférente pour sa protection par le droit d'auteur (Lallement 2018, p 25 ; WIPO, 2015 ; WIPO 2016). L'OMPI constate la montée en puissance du droit d'auteur, qui devient un outil pour couvrir des listes d'interconnexions, des descriptions graphiques de tous les dispositifs et de leurs liens, des bases de données, etc., (Lallement 2018 ; OMPI, 2011 ; OMPI, 2015 ; WIPO 2011).

Les sujets de propriété intellectuelle associée au BIM sont l'objet de plusieurs travaux (Lapeyrie et al, 2016 ; Pican, 2016 ; Lefauconnier, 2018 a, Lefauconnier, 2018 b) MINnD, 2019). Le rapport Droit du numérique et du bâtiment[2] remis par Maître Xavier Pican au président du conseil supérieur de la construction et de l'efficacité énergétique et au président du plan transition numérique dans le bâtiment (PTNB) constitue un document de référence sur le sujet du BIM dans le bâtiment (Pican, 2016).

3.2.   La notion d'œuvre

Lorsque la création a nécessité le concours de plusieurs auteurs, le Code de la propriété intellectuelle (CPI)[3] reconnait trois types d'œuvre : œuvre composite, œuvre collective et œuvre de collaboration. À chacun de ces types correspond un régime juridique propre.

L'œuvre composite

De nombreuses œuvres architecturales classiques sont ainsi le produit de travaux successifs d'architectes et d'artistes peintres ou de sculpteurs. L'article L113-2 du CPI prévoit : « Est dite composite l'œuvre nouvelle à laquelle est incorporée une œuvre préexistante sans la collaboration de l'auteur de cette dernière ».

L'œuvre collective

La notion est différente, en effet, l'article L113-2 du CPI prévoit : « Est dite collective l'œuvre créée sur l'initiative d'une personne physique ou morale qui l'édite, la publie et la divulgue sous sa direction et son nom et dans laquelle la contribution personnelle des divers auteurs participant à son élaboration se fond dans l'ensemble en vue duquel elle est conçue, sans qu'il soit possible d'attribuer à chacun d'eux un droit distinct sur l'ensemble réalisé ». L'article L113-5 prévoit : « L'œuvre collective est, sauf preuve contraire, la propriété de la personne physique ou morale sous le nom de laquelle elle est divulguée. Cette personne est investie des droits de l'auteur ». C'est le cas le plus fréquent dans la construction où, bien souvent, n'est retenu que le nom de l'architecte principal.

---

1   L.111-3 du Code de la propriété intellectuelle.

Pour cette raison, le CCAG applicable aux prestations intellectuelles (CCAG-PI) prévoit deux options attachées au sort des droits de propriété intellectuelle sur les résultats de l'exécution du marché. L'option A correspond à la concession des droits. Elle permet au maître d'ouvrage d'utiliser les résultats pour les besoins du marché. L'option B vise la cession des droits qui confère au maître d'ouvrage la titularité des droits patrimoniaux sur les résultats du marché.

2   Le document est accessible sur la plateforme du PTNB (www.ptnb.fr).

3   Article 113-2 du Code de la propriété intellectuelle.

L'œuvre de collaboration

Cette notion est encore différente, l'article L113-2 du CPI prévoit : « Est dite de collaboration l'œuvre à la création de laquelle ont concouru plusieurs personnes physiques ». L'article L113-3 précise : « L'œuvre de collaboration est la propriété commune des coauteurs. » Ainsi, bien des immeubles haussmanniens comportent les noms joints de l'architecte et de l'entrepreneur.

L'œuvre multimédia

Une œuvre multimédia, indépendamment de sa dimension logicielle, met en évidence d'autres composantes du droit d'auteur dont chacune, selon un arrêt de la Cour de cassation[1], « est soumise au régime qui lui est applicable en fonction de sa nature ». Le fait qu'il s'agissait, dans les cas d'espèce, d'un autre domaine que celui de la construction, ne diminue en rien la généralité de la décision.

Dans un arrêt de 2009, la Cour de cassation a considéré que « les jeux vidéo sont des logiciels », et « sont des œuvres collectives », et que « la qualification d'une œuvre multimédia doit être recherchée, pour chaque œuvre concernée, d'après les conditions de sa création et la part prépondérante prise par le genre logiciel et/ou le genre audiovisuel, de sorte qu'en rejetant les qualifications de logiciel et d'œuvre collective, sans examiner pour chaque jeu concerné la part logicielle ou audiovisuelle et les conditions de sa création, la cour d'appel a privé sa décision de base légale au regard des articles L. 131-4, 5°, L. 113-2 et L. 113-3 du Code de la propriété intellectuelle ».

3.3. Le droit des bases de données

Une maquette numérique contenant des masses importantes de données, il faut s'intéresser à cette partie du droit et notamment à la définition de l'article L. 112-3 alinéa 2 du CPI : « on entend par base de données un recueil d'œuvres, de données ou d'autres éléments indépendants, disposés de manière systématique ou méthodique et individuellement accessibles par des moyens électroniques ou par tout autre moyen ».

Pour répondre aux enjeux économiques représentés par la collecte, la numérisation et l'exploitation des données, le législateur européen a créé un droit indépendant pour protéger l'investissement du producteur d'une base de données. Le droit des bases de données occupe désormais une place significative. Cependant, ainsi que le souligne Lallement (2018), le droit européen doit évoluer en la matière, car il a été conçu il y a plus de 20 ans dans une vision statique. Avec le Big Data, il faut intégrer une vision dynamique qui permette de tenir compte des besoins des utilisateurs (INPI, 2015 ; Ghilassene, 2015).

Dès lors, si le producteur de la base de données atteste d'un investissement substantiel en vue de la collecte, la vérification ou la présentation des données, il bénéficie de plusieurs droits et notamment celui d'interdire l'extraction d'une partie substantielle du contenu de la base. De manière générale, le producteur peut contrôler les conditions d'utilisation de la base de données qu'il a créée ou mise en œuvre[2] (Chatry, 2018).

---

1   Cour de cassation, chambre civile 1, 25 juin 2009, pourvoi n° 07-20.387.
2   Articles L. 341-1 et s. du Code de la propriété intellectuelle.

4.   Notre contribution

Notre problématique est industrielle. Nous avons étudié les conséquences en droit de l'adoption de démarches BIM dans les entreprises du point de vue des entreprises d'ingénierie et de construction. Nous avons étudié ce problème dans un groupe de travail du projet MINnD, composé d'ingénieurs, d'universitaires et de juristes.

Les questions concrètes que nous posons, en tant qu'acteurs de la filière BTP, en particulier concernés par les infrastructures, sont les suivantes. Par exemple, une entreprise qui crée ses modèles y introduit aussi du savoir-faire. Elle peut souhaiter les réutiliser au-delà du projet. Comment les entreprises peuvent-elles protéger leurs données dans le cadre du BIM ? Quel est l'impact des changements introduits par le BIM sur les contrats ?

Dans quel cadre juridique faut-il interpréter les nouveaux processus et les échanges entre les acteurs du processus BIM ? Nous avons, pour notre part, identifié la problématique de la propriété intellectuelle, plus précisément du droit d'auteur et du droit des producteurs de bases de données.

Des travaux de chercheurs en droit qui s'intéressent à l'innovation technologique et aux conséquences de la numérisation massive des métiers pourraient nourrir cette réflexion et élaborer plus complètement les questions que nous posons en questions de recherche. La production d'un droit de la propriété intellectuelle adapté au BIM ne pourra résulter que d'une co-production des juristes et des praticiens, le droit étant ainsi produit à la rencontre de la pratique et de la doctrine comme le souligne Bruguière (2017, 2018). L'efficacité des systèmes de droits de la PI dépendant largement de leurs caractéristiques spécifiques et de leurs conditions de mise en œuvre (Greenhalgh et Rogers, 2010).

Notre contribution, à travers nos travaux et dans cet article, pour construire cette problématique est exposée dans la partie suivante. Elle peut se décrire suivant trois axes : tout d'abord, une description du cadre et des processus de construction et d'échange de données autour du BIM. Ensuite, des formulations du problème pour les acteurs de la filière. Enfin, pour apporter aux juristes la vision des métiers, des schémas contractuels autour du BIM.

En effet, le dialogue avec les spécialistes de la propriété intellectuelle et du droit des données est indispensable. Les juristes doivent faire évoluer le droit de la PI de pair avec les nouvelles technologies dans l'entreprise. La réflexion dans la filière doit progresser, sans attendre l'évolution du droit par la jurisprudence. L'absence de textes règlementaires n'est d'ailleurs pas un obstacle pour répondre aux attentes du développement du BIM (Bellanger et Blandin, 2016).

Nous commençons donc à proposer aux entreprises et à leurs juristes des démarches pratiques dans les usages professionnels en donnant des préconisations qui peuvent aller du simple conseil de prudence à une proposition plus élaborée d'un guide d'adoption d'une démarche BIM.

4.1.   Notre contribution sur la PI

Dans le cadre des marchés publics de construction, les cahiers des charges sont des documents contractuels qui déterminent les conditions dans lesquelles les marchés sont exécutés. Ils comprennent des documents généraux (CCAG, cahier des clauses administratives générales applicables à une catégorie de marché, et CCTG, cahier des clauses techniques applicables à toutes les prestations d'une même nature) et des documents particuliers (CCAP, cahier des clauses administratives particulières propres à chaque marché, et CCTP, cahier des clauses techniques particulières nécessaires à l'exécution des prestations de chaque marché). Dans notre réflexion, il s'agit d'établir la chaîne des droits qui préside à la création de la maquette numérique par le contrat.

Compte tenu de la place importante des droits de propriété intellectuelle dans un projet BIM, les options dites A (concession de droits d'utilisation sur les résultats) et B (cession des droits d'exploitation sur les résultats) des CCAG[1] conservent leur intérêt.

Même en l'absence de référence au CCAG, quelle que soit la nature des données, l'acheteur peut prévoir contractuellement et dans le respect du secret des affaires, d'extraire et de réutiliser librement les bases de données incluses dans les résultats.

Cependant, comme les bases de données BIM représentent une création de valeur pour leurs auteurs ou leurs producteurs, ceux-ci doivent mener une réflexion approfondie sur le régime des cessions pour en retirer tous les retours escomptés.

En effet, répétons-le une entreprise qui crée ses modèles y introduit aussi du savoir-faire. Elle peut souhaiter les réutiliser au-delà du projet considéré, sur une autre opération similaire. Elle est l'acteur le plus compétent à donner du sens à ces données. Le sens est à distinguer de la représentation formelle comme le souligne Bachimont (2011) à propos du web : « le fonctionnement du sens dans le cadre de la logique est opposé à son fonctionnement dans un contexte linguistique ou sémiotique. Il est donc impossible de réduire l'un à l'autre. » Passant d'un usage à un autre (l'exploitation ou la maintenance) le sens est recréé par un nouvel acteur, pour un nouvel usage. Les dispositifs juridiques autour de la PI devront tenir compte de cette succession des usages sur les données.

Une attention particulière doit être apportée à la rédaction des clauses de propriété intellectuelle afin qu'elles satisfassent les intérêts de tous les acteurs. Si le contrat prévoit une cession des droits, il faut vérifier que l'entreprise cessionnaire n'enfreint pas les droits des tiers. Autrement dit, il convient de garantir la chaîne des droits qui préside à la création d'un outil comme la maquette numérique. À cet effet, le contrat doit comporter une clause garantissant le cessionnaire contre toute action, réclamation, revendication ou opposition éventuelle de la part d'un tiers invoquant un droit auquel l'exploitation aurait porté atteinte.

Sur un même objet des couches de droit se superposent et les titulaires des droits en question sont multiples. Cette complexité invite à organiser en amont la gestion des droits de propriété intellectuelle dans le contrat. Cette recommandation a déjà été formulée par Pican (2016), qui préconise la rédaction d'un référentiel contractuel de type clausier notamment pour déterminer certains points jugés délicats comme « la propriété de la maquette, les accès aux données de la maquette dans le temps et les responsabilités des acteurs ». Une attention particulière sera portée à la protection des données personnelles : respect de la Loi informatique et libertés et des obligations CNIL par chaque acteur[2]. Il convient également d'ajouter les dispositifs du RGPD[3].

---

1   Deux options relatives aux régimes de la PI dans le CCAG « Marchés publics de prestations intellectuelles » : l'option A (option par défaut) est celle de la concession des droits d'utilisation sur les résultats, l'option B est celle de la cession.

2   Désormais au plan européen, le Règlement européen sur la protection des données personnelles (RGPD) s'applique à partir du 25 mai 2018 dans les 28 pays de l'Union européenne : il confère davantage de protection pour les citoyens et impose plus de responsabilités à ceux qui collectent, stockent, échangent ou transfèrent des données personnelles.

3   Règlement général de protection des données.

Proposition 1

Concernant la propriété de la maquette, nous proposons que le régime de la copropriété (œuvre de collaboration) soit à considérer à l'égal des autres régimes.

Proposition 2

Concernant le partage des responsabilités, nous proposons d'être très attentifs au lien avec la convention BIM et le plan de mise en œuvre du BIM[1], documents clés en la matière.

Le numérique induit des évolutions au niveau de la propriété intellectuelle parce qu'il rend possible la réunion de données hétérogènes, créées par des contributeurs différents, sur un support unique. Cette capacité intégrative du numérique permet de créer un objet nouveau, la maquette numérique, susceptible de recevoir plusieurs qualifications juridiques et de faire l'objet de différents modes de protection.

Tout comme un logiciel est protégé par le droit d'auteur[2], la maquette est une œuvre protégée par le même droit, « En principe, la maquette numérique est originale car elle a vocation à s'appliquer à un projet immobilier donné » (Pican, 2016).

Les acteurs de la filière sont peu habitués à échanger et à partager des informations, et ils cherchent toujours à conserver leur propriété intellectuelle. Pour cette raison, il est donc important d'écrire et d'accepter des clauses contractuelles spécifiques abordant ce sujet.

Les bénéfices attendus du BIM sont maximisés lorsque le maître d'ouvrage est à l'origine du déploiement du BIM. Dès le lancement du marché, il doit définir ses « besoins numériques » notamment le périmètre d'utilisation des données et les cas d'usage de la maquette numérique. Les exigences techniques sont à formaliser dans le cahier des charges BIM. En cas de marché public, le maître d'ouvrage devra respecter les principes de la commande publique dont le principe de neutralité des spécifications techniques.

Proposition 3

Le maître d'ouvrage devra privilégier des formats neutres, ouverts et interopérables comme les IFC[3] et ne pas imposer de formats natifs propriétaires ni de logiciels spécifiques.

Proposition 4

La propriété intellectuelle ne relève pas des dispositions techniques du contrat. S'agissant d'un marché avec BIM, le maître d'ouvrage devra intégrer les dispositions relatives à la propriété intellectuelle dans le CCAP[4] du marché (ou son équivalent) plutôt que dans le cahier des charges BIM).

---

1 La convention BIM et le plan de mise en œuvre du BIM (BIM Execution Plan) : documents techniques pour un projet donné précisant la structuration du BIM et de la maquette numérique ainsi que l'organisation des acteurs et les processus de production, et enfin les outils utilisés.

2 Article CPI L112-2-13° : « sont considérés notamment comme œuvres de l'esprit au sens du présent code […] 13° Les logiciels, y compris le matériel de conception préparatoire ».

3 IFC : Industry Foundation Classes.

4 Le Cahier des Clauses Administratives Particulières (CCAP) est un document contractuel rédigé par l'acheteur dans le cadre notamment d'un marché public. Il est intégré au dossier de consultation des entreprises et précise les dispositions administratives propres au marché (conditions d'exécution des prestations, de règlement, de vérification des prestations, de présentation des sous-traitants, etc.). Il est généralement accompagné d'un cahier des clauses techniques particulières (CCTP).

Enfin reprenons, comme le souligne Binctin (2015), que même si l'entreprise ne doit pas envisager le droit de la PI d'abord dans un cadre contentieux, les juristes des entreprises s'engageant dans une démarche BIM ne peuvent pas ignorer que l'entreprise « doit établir une stratégie qu'elle traduit dans ses contrats » (Binctin, 2015, p. 314). Ceci se traduit par trois éléments d'anticipation d'aménagements contractuels : le choix de la loi applicable, celui de la juridiction, dont l'insertion d'une clause compromissoire.

4.2. Les différentes propositions sur le type d'œuvre

En l'absence de cession ou de licence indiquant les titulaires des droits d'auteur sur la maquette, il faut examiner les différents régimes applicables suivant les types d'œuvre.

Pour mener cet exercice de qualification, le niveau de BIM – qui reflète le degré de collaboration déployé sur le projet – doit être pris en compte.

Proposition 5 sur l'œuvre composite

Le BIM de niveau 2 peut être considéré comme une œuvre composite, (Pican, 2016) : un premier contributeur/auteur crée une œuvre protégée par le droit d'auteur, laquelle est incorporée dans l'œuvre d'un deuxième contributeur/auteur sans que l'auteur initial intervienne. L'autorisation de l'auteur de l'œuvre première est obligatoire préalablement à son intégration dans l'œuvre seconde. L'œuvre composite est alors la propriété de l'auteur qui a réalisé l'intégration sous réserve des droits de l'auteur de l'œuvre préexistante[1].

La qualification d'œuvre composite repose sur l'hypothèse que l'œuvre seconde puisse être qualifiée d'œuvre originale.

Il est permis d'émettre quelques doutes quant à la valeur opérationnelle de cette hypothèse. Ainsi, dans toutes les phases, il apparaît improbable que les intervenants se succèdent sans qu'il y ait de nouveau intervention d'un acteur antérieur.

Proposition 6 concernant l'œuvre collective

Concernant l'œuvre collective, Pican (2016) retient cette qualification dans « le cas où une personne gérerait l'intégralité de la maquette numérique, cela peut être le BIM manager ». Cependant, il faut remarquer que cette interprétation est erronée si le BIM Manager ne gère que l'aspect digital, voire le bon fonctionnement numérique et collaboratif des intervenants, ce qui selon nous devrait être la règle (à défaut, le BIM Manager deviendrait un constructeur au sens des assurances, avec les conséquences que cela implique).

Proposition 7 concernant l'œuvre de collaboration

Cette qualification est retenue par Pican (2016) pour la maquette numérique réalisée dans un environnement de BIM de niveau 3. Ce régime est celui de la copropriété sur la maquette numérique. Cette hypothèse est la plus vraisemblable mais elle ne doit pas être réservée au BIM de niveau 3. La qualification d'œuvre de collaboration est envisageable dès le niveau 2, c'est-à-dire le niveau de maîtrise actuel de l'environnement BIM même pour les acteurs les plus avancés.

---

1   Article L113-4 du CPI (Code de la propriété Intellectuelle).

Proposition 8 concernant le multimédia

À la lumière de la jurisprudence, il est permis de s'interroger sur la qualification d'œuvre multimédia susceptible de s'appliquer au BIM en la présence d'un ouvrage complexe. En conséquence, avant de qualifier le BIM d'œuvre multimédia et/ou d'œuvre composite, de collaboration ou d'œuvre collective, de logiciel, de production audiovisuelle… il convient d'examiner concrètement pour chaque composante de l'œuvre, les conditions de création et d'évolution de celle-ci et la part prépondérante prise par le genre logiciel et/ou d'autres genres.

4.3.   Concernant le droit des bases de données

Une maquette numérique est toujours une base de données au sens de la définition du Code de la propriété intellectuelle, quel que soit le niveau du BIM.

En conséquence, la base de données « maquette numérique » bénéficie de deux régimes de protection juridique indépendants l'un de l'autre :

1. la protection par le droit d'auteur dont il a déjà été question précédemment ;

2. la protection par le droit des producteurs de base de données.

Deux types de données déterminent les scénarios de valorisation envisageables : d'une part les données publiques (appelées communément *Open Data*) : dans ce cas, le régime des données publiques s'applique, d'autre part les données privées. Dans ce dernier cas, la divulgation, l'utilisation ou toute autre valorisation doivent être définies par contrat. Dans certains cas (identification de personnes, données individuelles de consommations…), ces données peuvent inclure des données personnelles qui doivent faire l'objet d'un traitement spécifique dans le cadre du RGPD.

Si on veut analyser la question sous l'angle de l'application du régime des données dans le cadre d'un projet de construction, la question se pose de savoir si les données produites lors de travaux commandés par un organisme public sont des données publiques ou privées.

Proposition 9 concernant le caractère de données publiques produites

Il est essentiel de réfléchir et de préciser le régime juridique des données dès l'élaboration du dossier de consultation des entreprises (DCE).

Les cahiers des charges définissent bien sûr les éléments techniques du BIM, les tâches et responsabilités de chacun, néanmoins tous ces aspects peuvent être affectés par la manière dont sont gérés les processus numériques des marchés publics.

Le domaine qui entend traiter les implications juridiques et contractuelles a été appelé au niveau international « Legal BIM ». Le Legal BIM ne pourra se contenter de proposer des documents contractuels, en concordance avec les différentes étapes prévues par les normes (NF) ISO EN 19650-1 et 2. Il doit aussi comprendre le fonctionnement intrinsèque de l'outil numérique pour établir un environnement juridique favorable à l'usage de cet outil.

Proposition 10 concernant la production par le BIM d'Open Data

Dans le cadre d'une démarche BIM, des données sont utilisées et produites. Elles sont susceptibles de devoir être mises à disposition du public. Il importe de définir dans quelles conditions et sous quel régime de licence. Ainsi que le souligne Lallement (2018, p. 74), les entreprises sont soumises à ce sujet à deux exigences contradictoires, d'un côté le besoin de se protéger et d'assurer aux leaders la sauvegarde d'un minimum d'avantages concurrentiels, de l'autre le besoin de collaborer avec des partenaires pour innover en coopération. Ceci rejoint les besoins de l'innovation par réutilisation et de l'innovation collective en réseau. L'enjeu se porte alors sur les droits de la liberté d'exploitation (INPI, 2015 ; Ghilasenne, 2015).

4.4. Conseils à la maîtrise d'ouvrage

Nous proposons quelques recommandations à la maîtrise d'ouvrage. Plus largement, nous avons par ailleurs élaboré en partenariat avec buildingSMART France (Mediaconstruct) un guide de recommandations à la maitrise d'ouvrage que nous ne décrivons pas ici, mais nous nous devons d'en citer les aspects en lien avec la propriété intellectuelle.

Élaborer une convention BIM ne s'improvise pas. Il est utile d'en encadrer l'organisation et la rédaction en proposant des conventions types, plus facilement utilisables par les PME/TPE. Ces conventions types peuvent être utilisées en complément du guide à l'attention de la maîtrise d'ouvrage évoqué ci-dessus. Leur objectif est de clarifier les missions de chacun des acteurs au sein d'un projet BIM afin de préciser les responsabilités spécifiques, le rôle de chacun, la temporalité des actions et les droits d'accès ou de modifications pour chacun. Il est également nécessaire de définir les niveaux de développement attendus, les implications juridiques et assurantielles.

4.4.1. Les conseils généraux

Il revient à la maîtrise d'ouvrage (MOA) d'initier le BIM. Un groupe de travail constitué autour du secrétaire général de la Mission interministérielle pour la qualité des constructions publiques (MIQCP) a rédigé un guide à son attention : comment lancer et conduire un projet en mode BIM. Idéalement, c'est au MOA d'imposer la démarche BIM sur un projet et de formuler ses attentes et ses exigences sans entraver la liberté du choix des moyens de la maîtrise d'œuvre et des entreprises.

Le premier constat a été de souligner la compatibilité de la loi MOP et de son décret d'application sur les missions de maîtrise d'œuvre avec l'approche collaborative BIM. Conçu pour tenir compte des contraintes spécifiques de la maîtrise d'ouvrage publique, ce guide peut être utilisé par la maîtrise d'ouvrage privée.

Puisque le BIM implique de façon constitutive les technologies et les logiciels, ces derniers jouent un rôle très important : la fiabilité des données injectées dans un projet (qui ne feront pas nécessairement l'objet d'un contrôle humain ultérieur) par les différents acteurs peut affecter lourdement la réussite du projet. Les documents du contrat doivent clarifier les processus qui concernent l'exploitation des logiciels et la distribution des risques.

Il existe d'autres contraintes au niveau technologique, notamment en ce qui concerne les échanges des données (voir les limitations des Industry Foundation Classes) : il faudra prendre les dispositions pour éviter les pertes de données, et dans le cas où elles surviennent, pouvoir identifier les responsabilités et désigner les responsables.

Le recours au Common Data Environment (CDE) devra être défini contractuellement avec précision, de même il faudra clarifier les sujets tels que la propriété des données ou la perte de celles-ci. La sécurité des données (en conformité avec la norme ISO 19650) devra être aussi assurée.

Les rôles des BIM Managers, BIM Coordinators, Information Managers, etc. doivent être décrits au sein des contrats. Un débat est en cours à propos de la nature de ces tâches : professions ou fonctions ? Il faut éviter des malentendus et préciser le rôle de chacun.

Lorsque l'on partage des informations dans le cadre d'une démarche BIM, les acteurs impliqués sont de plus en plus solidaires avec les autres partenaires. L'esprit collaboratif du BIM et le devoir d'alerte jouent un rôle remarquable puisque chacun devient en partie responsable des fautes des autres, sauf à ce qu'il ne les signale dans la limite de son domaine de compétences.

4.4.2.   Les conseils pour la mise en place d'une démarche BIM

La décision de réaliser un projet avec une démarche BIM est loin d'être anodine et va entraîner une évolution certaine des pratiques et une transformation profonde des modalités d'exécution d'un projet (MINnD, 2018). Nous recommandons d'adopter un schéma des échanges pour organiser les documents nécessaires (MINnD, 2019). Les échanges ainsi organisés et mis en phase, organisent les interactions entre la MOA, le MOE, l'entreprise, et l'exploitant en conformité avec le Code de la commande publique (si marché public), ils sont illustrés dans la Figure 2 ci-dessous. Les flèches numérotées représentent chacune un échange entre deux acteurs ; la numérotation indiquant également un ordre logique et un phasage entre ces échanges.

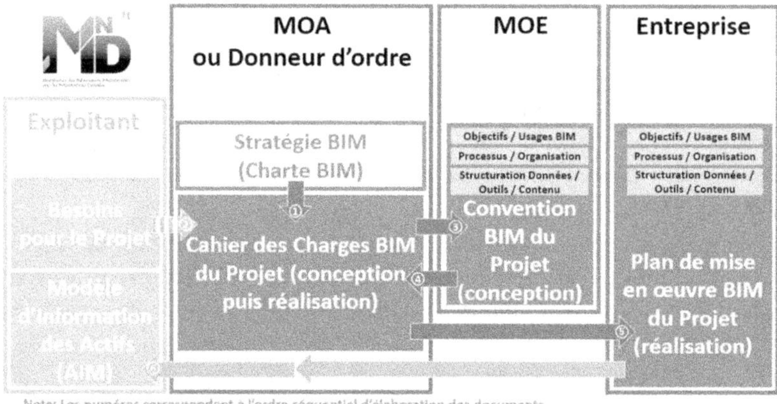

Figure 2. Schéma de mise en place du BIM (MINnD - Livrable Thème 4)

4.4.3.   Les préconisations concernant le CCAP et le CCTP

L'étendue et la destination des CCAP et CCTP[1] ne sont pas fixées de façon rigide. Cependant, les questions de gestion portant sur les délais et les aspects financiers ou sur les activités d'études sont toujours traitées dans un CCAP, de même que les prescriptions techniques portant sur l'ouvrage à réaliser sont toujours traitées dans le CCTP.

---

1   Le cahier des clauses techniques particulières (CCTP) est un document contractuel qui rassemble les clauses techniques d'un marché public. Il est rédigé par la maîtrise d'œuvre études et fait partie des pièces constitutives du marché public. Il est intégré au dossier de consultation des entreprises.

Le BIM étant tout à la fois processus de modélisation et modèle de l'ouvrage à réaliser pourrait donc être décrit pour partie dans le CCTP (le modèle est un « double numérique » de l'ouvrage) et dans le CCAP (puisque c'est un processus de modélisation relevant des études). Le point de vue retenu a été celui d'un document mixte traitant tout à la fois de questions de gestion – processus et organisations – et de questions techniques – les données et leur structuration. Seule la question de propriété intellectuelle a été renvoyée spécifiquement à la mise au point d'un article du CCAP. C'est au maître d'ouvrage de choisir la solution correspondant le mieux à ses attentes et à sa culture en choisissant de produire et de livrer soit un fascicule technique autonome et des rappels autant que nécessaire dans le CCAP, soit un fascicule administratif autonome avec des rappels, références ou connexions dans le CCAP lui-même et dans le CCTP là où celui-ci traite de l'ingénierie ou de problématiques transverses comme l'environnement ou la sécurité.

4.5.   Les perspectives de l'Open Data et les licences de données

La mise à disposition des données (Open Data) concerne tous les acteurs (Suber, 2012) dont ceux de la construction. Par exemple, l'action de la métropole du Grand Lyon et la plateforme Smart Data lancée en 2013 sont symptomatiques de cette tendance. Smart Data rassemble les données du Grand Lyon et de ses partenaires pour la plupart en Open Data. Plusieurs projets ont vocation à s'appuyer sur cette plateforme pour créer de nouveaux services citoyens et accompagner le développement économique local.

Ensuite, le législateur est intervenu pour unifier ces pratiques locales. Ainsi, la loi de transition énergétique pour la croissance verte du 17 août 2015 renforce le mouvement d'ouverture des données de consommation en imposant aux gestionnaires de réseaux la mise à disposition de ces données. De même, la loi pour une République numérique (loi Lemaire) prévoit entre autres l'ouverture des données détaillées des consommations et des productions énergétiques[1].

L'Open Data s'accompagne aussi du développement de nouveaux régimes juridiques comme les licences de données « ouvertes et/ou libres » et les logiciels libres. Seules les œuvres protégées par le droit d'auteur peuvent être mises sous licences libres. Ainsi les données du domaine public[2], parce qu'elles n'ont pas de titulaire ne peuvent faire l'objet de licences. Dans le partage de ces données et en particulier l'articulation avec les données scientifiques, il faut inclure l'articulation avec les standards, le partage des expériences, et l'échange des best practices (Bourcier, 2017). Une « **licence libre** » est une licence qui autorise par avance tout usage de l'œuvre placée sous cette licence (y compris un usage commercial). Une « **licence ouverte** » désigne une licence qui autorise par avance certains usages de l'œuvre sous certaines conditions (ex : pas de modification de l'œuvre utilisée ou interdiction des utilisations commerciales). Les licences décrivent les conditions dans lesquelles le producteur de l'information la rend disponible. La licence, gage de confiance pour les utilisateurs, leur permet d'identifier l'origine des données, de savoir si elles ont été modifiées (quand et par qui) et de connaître toutes les modalités de réutilisation autorisées. Le choix d'une licence libre n'est pas neutre. Il doit être fait en considération de l'objectif assigné à la stratégie d'ouverture qui serait mise en place. Dans cette perspective, il convient de distinguer au sein des licences libres, les licences dites « partage aux mêmes conditions » (Share alike, copyleft) des licences dites « permissives ». Les licences « partage aux mêmes conditions » obligent à partager avec la même licence

---

1   Loi n° 2016-1321 du 7 octobre 2016 pour une République numérique.
2   Ne pas confondre « données du domaine public » et « données publiques ».

les résultats obtenus à partir des données utilisées (processus de « viralité » de la licence). Elles permettent d'éviter une réappropriation des données ouvertes et contribuent ainsi à bâtir un fonds commun de collaboration.

Les licences « permissives » accordant au réalisateur une totale liberté de réutilisation des logiciels s'inscrivent dans une philosophie différente puisque les données dérivées ne seront pas obligatoirement mises à disposition sous le même type de licence. Le caractère libre n'est donc pas pérennisé mais la réutilisation est très large. La conséquence des licences permissives est le risque de privatisation des données dérivées sur lesquelles les producteurs de ces données dérivées pourraient invoquer des droits de propriété intellectuelle.

Actuellement, les licences libres les plus utilisées[1] pour la diffusion des données sont au nombre de trois.

- La Licence ouverte (LO) de la mission Etalab[2] s'applique aux données publiques avec titulaire : il s'agit d'une licence « permissive ».
- Les licences Creative Commons[3] : il y en a plusieurs types relevant de l'une ou l'autre des catégories « partage aux mêmes conditions » ou « permissive ». La version 4 de ces licences s'applique désormais aux bases de données.
- L'Open Database License (ODbL) : licence « partage aux mêmes conditions » spécifique aux bases de données.

Considérons ensuite le modèle hybride freemium. En général, la donnée seule a peu de valeur en soi et elle n'est pas protégeable par le droit d'auteur. L'utilité de la donnée réside dans sa capacité à être reliée à d'autres données indépendamment de la finalité de la collecte initiale.

La création de cercles d'utilisation et d'exploitation de la donnée permet la création de valeur. La donnée doit circuler pour produire une nouvelle valeur ajoutée.

Pour cette raison, dans le modèle **freemium**, la donnée est gratuite mais les services offerts à partir de la donnée, générant un flux de données, sont payants. Plus précisément, le modèle freemium repose sur la combinaison de deux offres. La première, gratuite, porte sur l'accès aux données de la plateforme ainsi que des services restreints. Si l'utilisateur souhaite bénéficier d'une offre élargie de services, il doit souscrire à une seconde offre payante. Au-delà de la phase de création d'une base de données, le financement pérenne de son développement pourrait être assuré par des services à valeur ajoutée au-delà de la simple accessibilité.

Conclusion

Nous pensons avoir présenté de façon documentée le cadre du droit dans lequel se pose l'évolution juridique nécessitée par la mise en place d'une démarche BIM dans un projet de construction. Nous avons décrit rapidement le cadre technologique du BIM, ainsi que l'ensemble des processus dans les entreprises et dans les projets qui redéfinissent les relations entre

---

1. Le décret 2017-638 du 27 avril 2017 liste et explicite les dispositions légales des licences libres, tant sur les logiciels (les codes sources sont ainsi des documents administratifs communicables – loi pour une Républlque numérique) que sur les données.
2. La mission Etalab coordonne la politique d'ouverture et de partage des données publiques (« Open Data »). www.data.gouv.fr
3. Six licences pour la gestion des droits d'auteurs différenciées suivant les droits d'attribution, de modification, d'exploitation commerciale et de partage. www.creativecommons.fr

les acteurs. Enfin, nous avons fait une série de propositions concrètes, du conseil très général jusqu'à la proposition élaborée que constitue un guide de mise en place de la démarche BIM qui doit s'accompagner d'un clausier juridique, adapté au contrat du projet considéré. Notre contribution est une base de travail à reprendre dans une démarche commune entre professionnels de la filière BTP et spécialistes du droit. Elle devra être complétée et s'appuyer sur des retours d'expérience réels, car le cadre juridique d'une démarche BIM n'est pas encore entièrement cerné et sera rapidement confronté aux enjeux de la propriété de la donnée, sujet sensible lié à l'utilisation et aux services qui pourraient en découler. La difficulté que nous avons à surmonter collectivement est donc la co-production d'un droit de la propriété intellectuelle, adapté au secteur et adapté au BIM qui tienne compte des grandes masses de données partagées, des modèles échangés, de l'usage des normes construites sur des modèles, mais aussi de la collaboration intensifiée entre les partenaires autour du BIM, tout en permettant la sauvegarde des savoir-faire propres… en ne perdant pas de vue que l'objectif principal reste la réalisation de l'ouvrage projeté.

Crédits

Cet article a bénéficié du travail effectué pendant 3 ans dans le thème 4 « Aspects juridiques » du projet de recherche national MINnD, projet industriel autofinancé par les entreprises partenaires, et des premiers travaux de Morgane Lefauconnier (2017).

Bibliographie

Bachimont, B., *et al.*, 2011, « Enjeux et technologies : des données au sens », *Documentaliste-Sciences de l'Information*, vol. 48, n° 4, pp. 24-41

Bellanger, A.-M., Blandin A., 2016, *Le BIM sous l'angle du droit*, CSTB, Eyrolles, 192 p.

Bernat L., 2017, « BIM : Quels impacts juridiques ? », *Qualité Construction,* n° 162, mai 2017, pp. 73-78

Binctin, N., 2015, *Stratégie d'entreprise et droit de la propriété intellectuelle,* Eyrolles, 358 p.

Binctin, N., 2017, *Droit de la propriété intellectuelle : droit d'auteur, brevet, droits voisins, marque, dessins et modèles*, L.G.D.J, 1112 p.

Bourcier, D., De Filippi, P., 2016, « Réflexion éthique sur le partage de données, entre communs scientifiques et Open data », *Open data et Big data ; nouveaux défis pour la vie privée*, Mare et Martin, 270 p.

Bruguière, J.-M., 2018, *Les standards de la propriété intellectuelle*, 1re éd., Dalloz, pp. VII-139, 150 p. Thèmes & commentaires : La propriété intellectuelle autrement, 978-2-247-17035-7, ⟨hal-01980557⟩

Bruguière J.-M., Vivant, M., 2019, *Droit d'auteur et droits voisins*, 4e éd., Dalloz, 1386 p.

Chatry S., 2018, « Droit des producteurs de bases de données », *Propriété littéraire et artistique,* LexisNexis, fasc. 1650

Cohendet, P., Penin, J., 2011, « Patents to Exclude vs. Include: Rethinking the Management of Intellectual Property Rights in a Knowledge – Based Economy », *Technology Innovation Management Review,* pp. 12-17, www.timreview.ca

Ghilassene, F., 2015, Synthèse INPI, 19 p., 978-2-7323-0010-8 (PDF)

Guilhon, B, 2008, « Division du travail cognitif et quasi-marchés de la connaissance », *Presses de Sciences Po*, « Revue économique », vol. 59, pp. 241-263

Greenhalgh, C., Rogers, M., 2010, « Innovation, Intellectual Property, and Economic Growth », Princeton University Press

MINnD 2019, Livrable du Thème 4 « BIM : Aspects juridiques et contractuels » sur site Internet du projet MINnD : www.minnd.fr/Publications

MINnD 2018, Livrable du Thème1 « Recommandations de mise en place du BIM Infra » sur site Internet du projet MINnD : www.minnd.fr/Publications

INPI, 2015, « La propriété intellectuelle et la transformation numérique de l'économie », *Regards d'experts*, 313 p., ISBN 978-2-7323-0009-2 (broché) 978-2-7323-0010-8 (PDF)

Lallement, R., 2018, *Propriété intellectuelle et protection de l'innovation : pratiques et enjeux de régulation*, vol. 3, ISTE Éditions, 156 p.

Lapeyrie, A., Lafanechère, A., Godard, X., 2016, Maîtriser les aspects juridiques et pratiques de la maquette numérique dans le domaine du bâtiment et des ouvrages d'art. *Complément commande publique*, hors-série, Le Moniteur, nov. 2016

Lefauconnier, M., 2017 a., La propriété intellectuelle, *Géomètre*, n° 2146, avril 2017, pp. 38-39

Lefauconnier, M., 2017 b., « Le BIM face au droit ». In Boutros N., Teulier R. *Le BIM éclairé par la recherche – Modélisation, collaboration et Ingénierie*, Eyrolles, 170 p.

Lyubareva, I., Benghozi, P.-J., Fidèle T., 2013, Online business models in creative industries: diversity and structures, *Journal of International Studies in Management and Organization*

OMPI, 2011, Rapport sur la propriété intellectuelle dans le monde. Le nouveau visage de l'innovation. Série économie et statistiques. Publication de l'OMPI, n° 944-F, 219 p., ISBN 978 92 805 2199 3

OMPI, 2015, Rapport 2015 sur la propriété intellectuelle dans le monde. Innovations majeures et croissance économique. Série économie et statistiques. Publication de l'OMPI, n° 944-F, 161 p., ISBN 978 92 805 2736 0

Osterwalder, A., Pigneur, Y., 2010. *Business model generation: a Handbook for visionaries, Game changers, and challengers*, John Wiley & Sons, 288 p.

Piatti, M.-C., 2017, « La liberté contractuelle au fil du temps », Violet, F., Bronzo, N., *Propriété Intellectuelle et liberté contractuelle*. Les ateliers. Presses Universitaires d'Aix-Marseille, 156 p.

Pican, X., 2016, Rapport droit du numérique et du bâtiment pour le plan transition numérique dans le bâtiment (PTNB), www.ptnb.fr, (www.batiment-numerique.fr/uploads/DOC/Droit%20du%20numérique%20et%20bâtiment/Rapport%20VF__%20droit%20du%20numérique%20et%20batiment[1803].pdf)

Stiglitz, J. E., 2008, « Economic Foundations of Intellectual property rights », Duke Law Journal, vol. 57, pp. 1693-1724

Suber, P., 2012, Open Access, MIT Press, coll. MIT Press Essential Knowledge

Teece, D., 1986, Profiting from technological innovation : Implications for Integration, collaboration, licensing, and Public policy. Research Policy, vol. 15, n° 6, pp. 285-305

Vivant, M., 2004, *Propriété intellectuelle et mondialisation : la propriété intellectuelle est-elle une marchandise ?*, Dalloz, 196 p.

WIPO, 2011, World Intellectual Property Report 2011, The changing Face of Innovation, Geneva

WIPO, 2015, World Intellectual Property Report 2015, Breakthrough Innovation and Economic Growth, Geneva

WIPO, 2016, World Intellectual Property Report 2016, Breakthrough Innovation and Economic Growth, Geneva

Enrichment of Systems Engineering for an application to the Construction sector: Integration of Space

Nicolas Ziv

ESTP, université Paris-Est

e-mail : nicolas.ziv@estp.fr

Abstract

The construction sector suffers from a lack of productivity, over costs, delays, quality issues coupled with an increasing complexity of projects. In some extents, methods and tools proposed in Systems Engineering have succeeded to answer these issues in other sectors. Systems Engineering is a methodological corpus to ease and master the development of complex systems. These methods can be used as the methodological basis for the development of BIM (Building Information Models) in the construction industry and as we will discuss in this article a way to structure data of BIM models. Nevertheless, Systems Engineering has been mostly defined and applied in other industries such as aeronautics, aerospace or the defense industry. It is therefore necessary to define specificities of the construction sector and analyze if it is necessary or not to adapt Systems Engineering for this sector. In this article we propose an adaptation of Systems Architecture, one of the main concept of Systems Engineering to the construction domain by the integration of spatial characteristics of construction systems which are of great importance in the AEC (Architecture Engineering and Construction) industry.

In a first part, we present one of the main concept of Systems Engineering: Systems Architecture. In a 2nd part we present specificities of construction systems and we explain why space plays an important role in it. In a 3rd part we show how to integrate spatial characteristics of systems in Systems Architecture. Then, in a 4th part we apply this method on a specific case study: the planning studies of the 5th metro line of Lyon. Finally we discuss how this enriched Systems Engineering method could help to structure data in BIM models.

Keywords

Functional Analysis, Systems Engineering, Structuration of information, Constructability, BIM

Résumé

Le domaine de la construction souffre d'un manque de productivité, d'un non-respect des coûts et des délais, d'un manque de qualité couplé à une complexité des projets grandissante. Des méthodes dans d'autres industries comme l'Ingénierie Système ont permis dans une certaine mesure d'apporter une première réponse à ces maux. L'Ingénierie Système est un corpus méthodologique pour faciliter et maîtriser le développement de systèmes complexes. Ces méthodes peuvent servir de base méthodologique pour les modèles BIM (Building Information Modelling) utilisés dans le domaine de la construction. Néanmoins, ces méthodes sont issues d'autres domaines industriels tels que l'aéronautique, l'aérospatial ou encore la défense. Se pose donc la question de son adaptation pour le domaine de la construction. Dans cet article nous proposons d'adapter l'un des concepts majeurs de l'Ingénierie Système : l'Architecture Système, au domaine de la construction en y ajoutant la composante spatiale qui est une dimension prépondérante dans ce domaine.

Dans une première partie, nous présentons l'un des grands concepts de l'Ingénierie Système : l'Architecture Système. Dans la 2e partie nous présentons quelques particularités du domaine de la construction et notamment l'importance de la dimension spatiale dans ces projets. Dans une 3e partie, nous montrons comment intégrer les composantes spatiales des systèmes dans ce concept, dans une 4e partie nous appliquons cette méthode enrichie sur un cas d'application : la planification de la 5e ligne de métro Lyon. Finalement, nous discutons de comment cette nouvelle approche permettrait de structurer les informations des modèles BIM.

Mots-clés

Analyse fonctionnelle, Ingénierie Système, BIM, Structuration des informations, Constructibilité

Introduction

Application of Systems Engineering in the construction industry is relatively new, not very much studied in the literature until now and not applied extensively in construction projects (Whyte, 2016). Nevertheless, several authors have applied such methodologies in this sector: Notably the INCOSE infrastructure group is dedicated to the application of Systems Engineering in Infrastructures (INCOSE IWG, 2012). Geyer in (Geyer et al., 2014) uses an holistic approach based on Systems Engineering to model and simulate scenarios for the functioning of Urban Structures, Matar et al (Matar *et al.*, 2015) has developed a system model based on SysML (System Modelling Language, a modelling language dedicated to Systems Engineering) to improve the design for complex sustainable buildings. We can also quote the Dutch infrastructure industry which has developed a guide for the implementation of Systems Engineering for large infrastructures (Bouwend Nederland, 2013). Otherwise than these works, few has been done on the adaptation of Systems Engineering for the construction sector.

Moreover, the Systems Engineering Handbook highlights that Systems Engineering methodologies should be adapted and fit to each sector depending on their specificities (Sage, 1999). In this article we highlight one specificity of construction projects: their particular relation with 'space', the impacts of this specificity on Systems Engineering and we make a proposition to adapt the current methodology by integrating spatial characteristics of projects.

1.   Systems Engineering

Systems engineering methods, concepts, tools and best practices have been developed since the Second World War mostly in the USA to design, build, manage and operate complex systems like defence systems or aerospace systems. Such systems required to manage a lot of information from different types and from different sources to be operational with a high performance level. In order to face these challenges, American engineers have developed methods to manage and integrate complex systems: Systems Engineering (SE). The Main concepts of this methodological corpus are described in (Hall, 1962), (Department Of Defense, 2001) and (Kossiakof *et al.*, 2011). These three publications show the evolution of SE practices in the US over the years.

In France, these concepts have been summed up and revised by the AFIS (Association Française d'Ingénierie Système) in (AFIS, 2009), and Krob has defined the main principles of System Architecting in (Krob, 2009). In this article, we will present one main concepts of SE: Systems Architecture which will be the basis of our future developments. Other important concepts of Systems Engineering such as Metamodels, Model-Based Systems Engineering (MBSE) (Krob, 2014), DSM (Design Structure Matrix) and MDM (Multi Domain Matrices) (Eppinger *et al.*, 2012) are not presented in this article but are also of great interest for construction systems.

Further in this article we will present why and how such concepts can be adapted to better fit the development of construction systems.

One of the main principle of System Architecting is to separate *the problem space* to the *solution space* (Krob, 2009). The problem space consists in defining the system missions, *why* it has to be built. In the problem space, the system is taken as a black box. Whereas the solution space consists in defining what the system *does* and *how* it is made up. In the solution space, the system is taken as a white box: we can describe how it is made up.

- **Environment of the system:** the first step always consists in defining the environment of the system, all the elements with which it will be in interaction;
- **Operational view:** in this part, system missions (needs) are identified and analyzed; answer the question of "why the system should be realized?" ;
- **Functional view:** functions answering system missions are identified and characterized. Functions of the system are what the system actually does in space and time. It answers to the question: "what does the system do?";
- **Structural view:** the structural analysis consists in defining how the system will fulfil its functions: technology and materials used, geometry, etc.; answer the question of "how the system is made up?".

Systems Architecture can be sum up by the pyramid represented in Figure 1: the top of the pyramid represents missions/needs the system should achieve (problem space), they can be seen as exterior of the system. Then, missions of the system are allocated to functions the system will carry which are represented in the middle of the pyramid. Finally, functions are decomposed in structural elements or components the system will be composed of. Both functions and structural elements can be considered as the interior of the system. This decomposition has to be carried out at every systemic level from the system level to components.

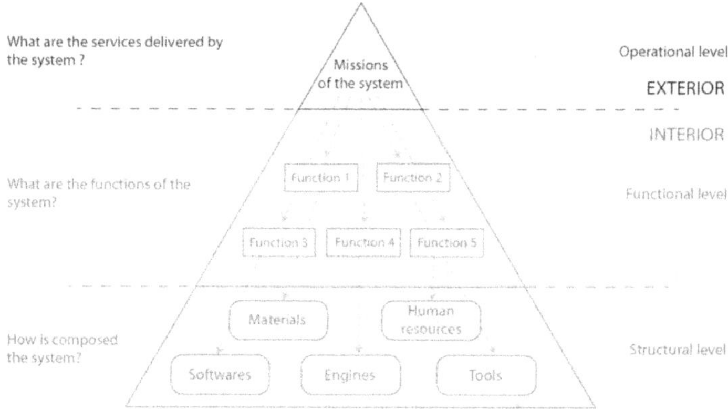

Figure 1. System architecture (system to build) adapted from Krob, 2009

2.   Particularities of construction systems

Are principles developed in Systems architecting and more generally Systems Engineering, applicable to construction systems? To answer this question it is first necessary to highlight the particularities of construction systems.

We have highlighted at least two particularities which have an impact on the application of Systems Engineering:

- needs construction systems answer are *to adapt space to carry human or related activities*;

- a direct consequence of the last proposition comes from *the uniqueness of each "space" to adapt*. Because each space to adapt is different (its shape, actors involved, logistic constraints, weather, etc.) it is necessary to fit for each construction systems the specific resources (later called Enabling Systems) required for the development of the product.

In the Infrastructure Working Group of the INCOSE (INCOSE IWG, 2012) similar findings are described. The guide insists on the uniqueness of construction systems due to their "on-the-ground-conditions" (i.e. space).

Another particularity we have identified but we don't deal with in this article is the organization of the industry in different types of actors which adds another level of complexity in construction projects. Meanwhile, industries where Systems Engineering has been extensively applied are constituted of large actors (Airbus or Boeing in the aeronautics) involved all along the life cycle of the product, the construction industry is constituted of several companies responsible for different missions all along the life cycle (Chen *et al.*, 2018), (Aslaken *et al*, 2009).

In this article we will focus on the integration of one particularity of construction systems: the integration of spatial characteristics of systems in Systems Architecture.

3.   Integration of "Space" in Systems Engineering

The purpose of construction systems is to adapt space to carry human or related activities. Therefore, most of engineers and architects works and activities in the AEC industry are somehow related to "space": allocate functions to spaces, define geometry, structure calculations, comfort calculations (acoustic, lighting, flows, etc.), strength of materials, etc. All these activities are related to how systems elements are organized over space: their form, their geometry, distances between system elements (topology). Project complexity arises when different disciplines are required and involved for the design of the same system. This effect arises in construction projects when the system to design has to answer to different needs, to carry different functions over space, or has a complex geometry and has several (spatial) interactions which increases the number of fields involved.

Then, the question is how and where to integrate space in Systems Engineering methodologies? All the more that neither the INCOSE handbook neither the AFIS handbook describe how is considered space in Systems Engineering methodologies. Only in the CESAME guide (CESAM, 2017), space is briefly mentioned as "space and time are always required to specify any functional behavior (that takes place "functionally somewhere" at a certain time)". However, the same guide also mention that "functional space" can be described with interaction diagrams and Functional Decomposition which is not enough in our point of view to model all spatial phenomenon.Voiron *et al*, (2005) highlights that in most of systemic analysis, space is not considered whereas it is fundamental for the description of spatial systems as space has an important impact on their dynamic.

First and foremost, the definition of systems over space is something already considered in current construction projects at all systemic levels: from the definition of Master plans for city planning to digital mock-ups for buildings or infrastructures. What we propose is to describe how such analysis can be associated with Systems Engineering methods by the integration of space.

Dursun in (Dursun, 2012) says that space is simultaneously a very concrete concept which can be described by length, width, scale, geometry, topology, etc. and at the same time a very abstract and complex concept very difficult to formalize such as social relations. These last aspects are more difficult to measure, more abstract and somehow "invisible" (Mauger, 2015). This dual consideration of space highlights that a lot remains to do to define precisely what is "space" and more specifically how human beings interact over it.

Considering space, the main difference between other industries and the construction industry comes from the consideration of space in the "Operational view" (i.e. the needs and missions the system will have to carry). To be more specific, a house is built on a specific location, a tunnel goes from point A to point B of a city or region and these are the needs construction systems answer (again it is to adapt space to carry some humans activities). Contrarily, a car is not designed to move only from point A to point B over space but to run on any road. That is why we build roads: to offer a space which is "standardized" allowing any cars to run on it anywhere over space and time. Without roads it would be necessary to design specific cars for each travel over space. This is the reason why space in usually not considered in needs analysis of industrial systems: this part is usually carried by the construction industry.

Space also has to be considered in functional and organic views (internal views) of construction systems as we will show in the example below but such practices are also more common in other industrial systems such as cars or planes.

Therefore, one proposition we make is to integrate space in the cube framework (Figure 2) presented by Krob (Krob, 2014) in which is a metamodel often used in System Architecting. Adding this column has several impacts on the method (Ziv, 2018):

- the consideration of space in the operational view and in needs the system will answer as we just shown;
- it also means that needs, functions and components of the system can be allocated to different spaces at different systemic levels from the system level to sub-sub-systems.

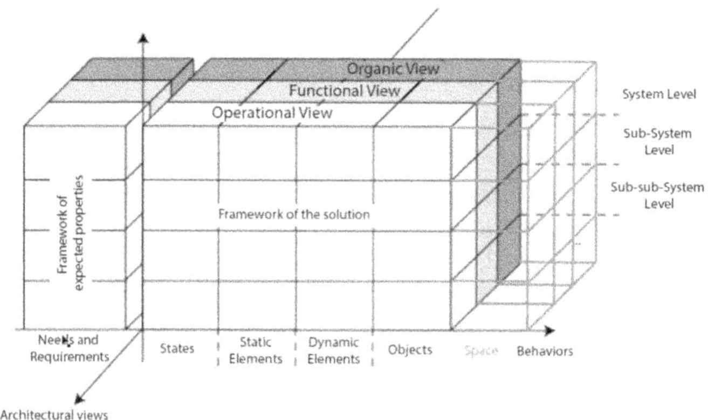

Figure 2. The systemic cube with a new column: space. Adapted from Krob, 2009

Furthermore, usually, interactions between the system and its environment are carried only before or during the operational analysis (considered as the external view of the system). The consideration of space in the three architectural views implies that interactions between the system and the environment should be analyzed also in the functional and organic phases.

Indeed, as shown in Figure 3, the different spaces on which operational, functional and organic requirements are allocated are not necessarily the same, they can eventually overlap, be disjoint, be contained, etc. Even though, allocated spaces would be the same (which would require to be proved), spatial interactions between different system elements (needs, functions, components) and their environment can also be different. As instance (and as illustrated in the next part with an example), functional interactions between the system and its environment due to the allocation of functional requirements to space(s) (as instance social interactions) are not of the same type than interaction between organic elements of the system and its environment (as instance physical interactions). In order to evaluate impacts of the future system and its environment these interactions have to be identified, characterized and analyzed for each architectural views (Operational, Functional and Organic).

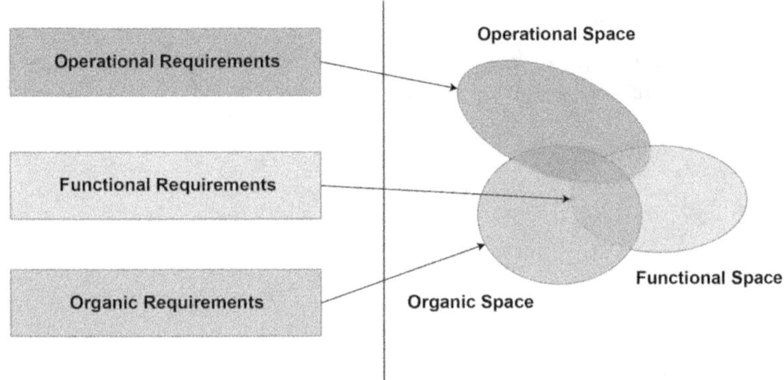

Figure 3. Operational, Functional and Organic requirements with their allocated spaces

The direct implication in the method is that whereas in the "classic" method interactions between the system and its environment were analyzed only in the operational view, considering that functions and components have to be allocated to spaces means that interactions between the system and the environment have to be identified also in other views of System Architecturing (Figure 4).

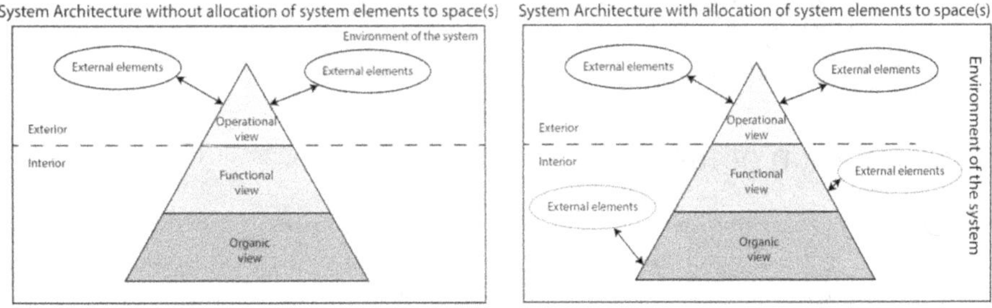

Figure 4. impacts on Systems Architecture of the consideration of space in all architectural views

4.   Application to the 5th metro line of Lyon

In this part we show on example of the application of previous statements on a real case study: the planning of the 5th metro line of Lyon, France. This new metro line is supposed to link the city centre of Lyon to its western suburbs in 2030.

4.1.   Allocation of needs to space(s)

Needs (why to build the system?) the 5th metro line answers is to improve mobility in the western part of Lyon, i.e. offers to Lyon citizens a new mobility solution to move in the city. These mobility needs can be allocated to different spaces: location of people who would have an interest to go to the 5th district of Lyon. Allocation of these needs to spaces have been modelled in the map in Figure 5.

It highlights that needs the future will have to answer are very large and spread over the Lyon district. Is also shows that needs can be allocated to space(s).

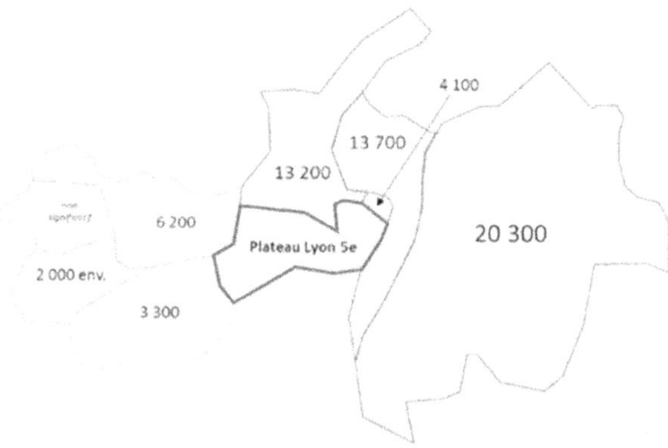

Figure 5. Mobility needs analysis in the 5th district of Lyon

By answering to mobility needs in the allocated spaces, we can deduce that the new metro line will have impacts on its environment and particularly on the populations identified during the studies in Lyon, economy of the city, social composition over the city, exchanges between people and many more.

4.2.   Allocation of functions to space(s)

One of the main functions (what the system does) of the metro is to move people from different points of the city in order to answer to the previously defined need: improve servicing of the 5th district of Lyon. To do so, different functional scenario have been identified. Two of them are presented in Figure 6 and allocated to space(s). This allocation allows to analyze interactions between the system and its environment, notably: impacts on urban development, real estate, accessibility, etc.

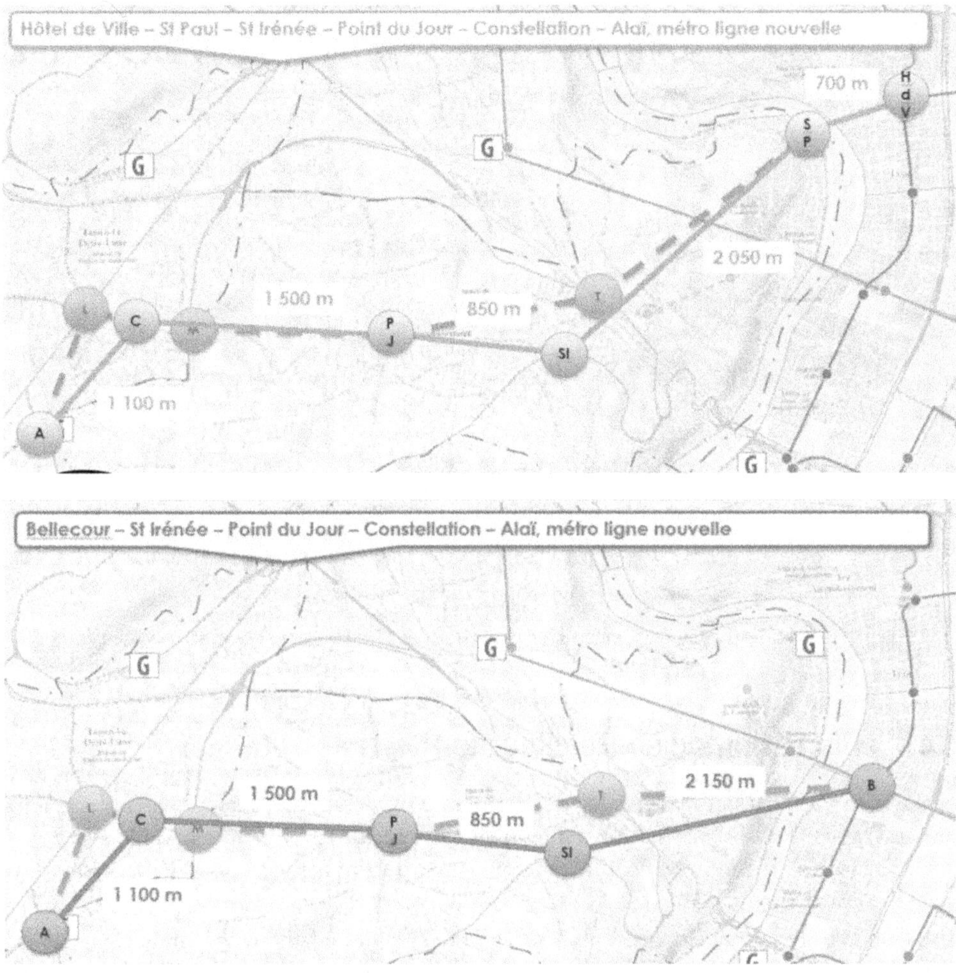

Figure 6. Functions "transport people" and "access to the system"
of the 5th metro line of Lyon for the two selected scenario

4.3.   Allocation of components to space(s)

In order to realize its functions, the system can be modelled in terms of components. At this stage different possibilities could be investigated: build an elevated, overground or underground metro. It is only by allocating the different solutions to space(s) and analyzing interactions with the environment that one solution can be chosen among the others. Because of the topography, the road network, urban density of the 5th district, visual and eventually noise impacts it has been chosen an underground solution. In Figure 7 the tunnel and the stations have been allocated to space(s). This allocation leads to the analysis of interactions between the system and its environment: geotechnical impacts, impacts on buildings caves and foundations and on the natural environment.

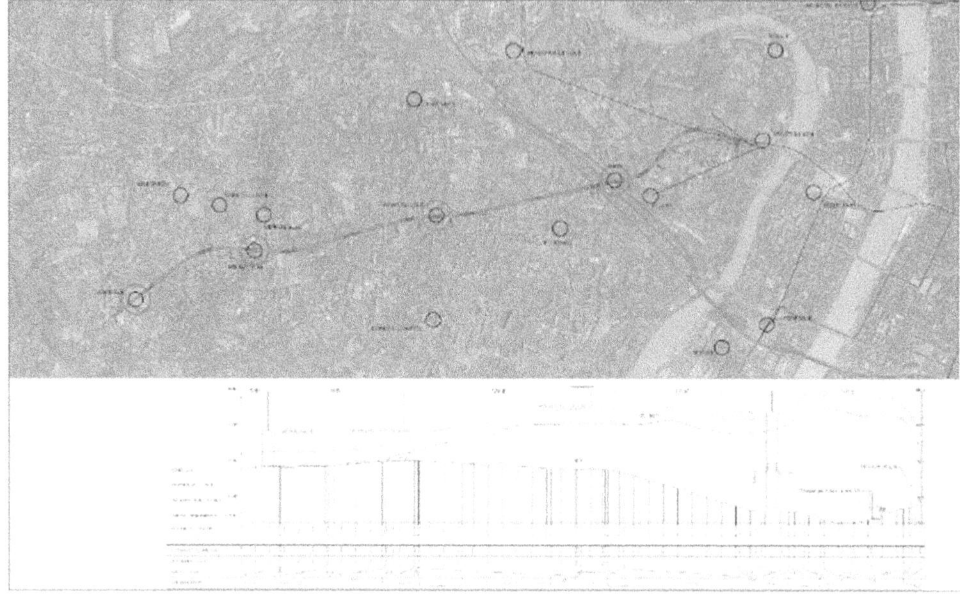

Figure 7. Organic description (alignment) of the tunnel of the 5th metro line of Lyon at the system level

4.4.   Discussion on space allocation

In the figure below (Figure 8) we have superimposed Operational, Functional and Organic spaces. Operational space is in blue, Functional space in red and Organic space in green. We can easily see that these spaces are different and not surprisingly their impacts on the environment are also different.

This example shows that interactions between the system and the environment have to be carried not only in the Operational view (in construction system) but also in Functional view and Organic view. We can also highlight that different spatial scales are involved in this analysis in the different views while the system has been modelled only at the system level. It shows that the question of scale is not related to a "level of detail" neither to a "level of study" but are more imbricated than what one might think. Scales are just a representation tool and seem not to be the appropriate abstraction of reality to model a construction system.

Moreover, because different spaces are involved in the development process and because these spaces are in interaction (they actually overlap) they inevitably have influences between each other, interactions which will be of great interest to analyze.

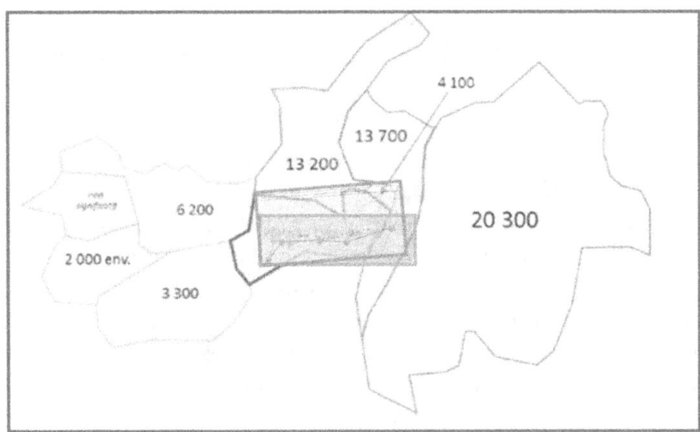

Figure 8. Overlay of spaces related to Operational, Functional and Organic views.
In red is the functional space, in green the organic space and in blue the operational space

5. Discussion: structuration of BIM information

Solving a problem with or without a computer requires to choose an abstraction of the reality (i.e. to select specific properties of a real phenomenon) and eventually to establish links between such properties. This activity is called Data structuring (Wirth, 1985). Data structuration allows making queries and updates on the data base (Brass, 2008).

From others, BIM allows making choices between design specifications, check compliance of the design against clients' requirements and construction techniques, identify impacts of the system on other systems or simulate its functioning. Therefore, Data structuring is a fundamental activity when creating a BIM model: i.e. to define properties from the real system required for different modelling purposes and to define links between these different representations: "Structure a BIM model allows ensuring validity of the information, their reliability and essentially to identify choices and steps which have led to design specifications" (Castaing & Tolmer, 2015).

Several concepts exist allowing more or less structuring information in BIM models: standards (IFC (Industry Foundation Class), CityGML), levels of detail (LOD) and/or levels of development (LODt) (Tolmer, 2016). However, these structuration possibilities are insufficient notably because in these three approaches links between requirements the system should answer and objects it is composed of are not described. Systems Engineering offers this possibility by defining different types of requirements, relations between them and how to allocate them to system elements. In this way, the adaptation of a language metamodel such as SysML (System Modelling Language) by the integration of new elements related to space for the construction sector could be an interesting way of research.

Based on the approach developed in this article, information in BIM models could be structured in relation with requirements they answer and their spatial allocation. Currently most of information in BIM models concern the description of components and not functions or needs the system answers. Therefore it is not possible to make requests and updates related to a functional view of the system. Concepts such as IFC space or IFC zone could be used to allocate such requirement to BIM elements but are not used extensively at the moment. Therefore the method describes here allows selecting information required to model a system more easily.

The proposed approach potentially change the way data are exchanged in construction projects between different phases, essentially between high level systemic views and low level views. Currently a lot of information is lost between different stages of projects and studies: the designer model the project at the system level, send his conclusions to the client who will then send a document expressing his requirements for the next actor of the project. This process inevitably leads to losses of information between information initially contained in the model and documents sent by the client. It also completely hinder any possibility to evaluate impacts of studies and modelling activities carried at later phases of development with the model developed at the system level (unless to evaluate manually changes in the system model when they are clearly identified and that system model still exists or is still available which is almost never the case).

Because the proposed structuration of information allows defining the logical links required between models at the different stages, it allows evaluating impacts of changes between them. But it means that the models are structured in the same way (as instance using the proposition of this article), with interoperable standards (IFC, CityGML as instance) and that they are still available. These three conditions are rarely met in current projects.

Conclusion

In this article we have presented one main concept of Systems Engineering: System architecture and its main components: the Operational view, Functional view and Organic view. A proposition of adaptation of Systems Architecture to the construction industry is made by integrating the concept of space, a central characteristic of construction systems, in the different views. The integration of space in the views notably means that it is possible to allocate requirement from the different views to different spaces. One direct implication of this consideration is the consideration of interactions with the environment not only in the Operational view as considered previously in Systems Architecture but also in Functional and Organic views.

Application of Systems Architecture by the integration of spatial characteristics of systems have been applied on a case study: the planning of the 5th metro line of Lyon, France. This example highlights that spaces involved in the different views are not the same and are interacting between each other as well as with other elements of the environment.

In the discussion we propose to use the enriched Systems Architecture method to structure information in BIM models. This proposition would require to be better described and studied for further implementation.

Bibliography

AFIS (Association française d'ingénierie système), 2009, *Découvrir et Comprendre l'Ingénierie Système*, 3ᵉ ed., éditions Cépaduès, 392 p.

Aslaken, Farnham, Knight, Merz, 2009, Applying systems engineering to infrastructure projects, Incose

Bouwend Nederland, pro rail, rijkswaterstaat, waterbouwers, nl ingenieurs, uneto vni, Guideline for Systems Engineering within the civil engineering sector. Version 3. 2013

Brass, 2008, Advance Data Structure, City College of New York, Cambridge University Press

Castaing, C., Tolmer, C.-E., 2015, Gestion et modélisation des informations pour les projets d'infrastructure: vers l'ingénierie système à la gestion des exigences et le BIM, *Génie Logiciel*

Cesam, 2017, *Systems Architecting Method, A Pocket Guide*

Chen *et al*, 2018 BIM and Through-Life Information Management : A Systems Engineering Perspective. In: Mutis I., Hartmann T. (eds) Advances in Informatics and Computing in Civil and Construction Engineering, pp. 137-146, Springer, Cham

Department of Defense, 2001, Systems Engineering Fundamentals, *Defense Acquisition University Press.*

Eppinger, Steven, Browning, 2012, Design Structure Matrix Methods and Applications, *The MIT Press*

Geyer, Stopper, Lang, Thumfart, 2014, A Systems Engineering Methodology for Designing and Planning the built Environment – Results from the Urban Research Laboratory Nuremberg and their Integration in Education, *Systems. www.mdpi.com/journal/systems*

Hall, 1962, A methodology for systems engineering. Princeton, N.J. : Van Nostrand

INCOSE IWG, 2012, Guide for the application of Systems Engineering in Large Infrastructure Projects. Version 1

Kossiakof, 2011, Systems Engineering Principles and Practice, second edition. s.l. John Willey & Sons

Krob, D., 2009, Éléments d'architecture des systèmes complexes

Krob, D. 2014, Éléments de systémique. Architecture des systèmes. *OpenEdition books*, Collège de France Paris

Matar, Osman, Georgy, Abou-Zeid, El-Said, 2015, A systems engineering approach for realizing sustainability in infrastructure projects. Housing and Building National Research Center HBRC Journal

Mauger, 2015 Framework for integration of Services in Product requirements Definition Applied to Public Buildings. Thèse de doctorat, Ecole Nationale des Arts et Métiers : s.n..

Sage, Rouse, 1999, Handbook of Systems Engineering and Management, Industrial Management Handbook, John Willey & Sons

Tolmer, C.-E., 2016, Contribution à la définition d'un modèle d'ingénierie concourante pour la mise en oeuvre des projets d'infrastructures linéaires urbaines : prise en compte des interactions entre enjeux, acteurs, échelles et objets, université Paris-Est

Voiron, C., Chery, J.-P, 2005, *Espace géographique, spatialisation et modélisation en Dynamique des Systèmes.* 6ᵉ Congrès européen des sciences des systèmes.

Whyte J., 2016, The future of systems integration within civil infrastructure: A review and directions for research, 26th annual INCOSE International Symposium (IS 2016), Edinburgh, Scotland, UK, July 18-21

Wirth, 1985, Algorithms and Data Structures, Prentice Hall

Ziv, 2018, *Enrichment of Functional Analysis for the construction industry by the integration of Systems Engineering and Constructability. Application to the multifunctional metro*, Doctorate thesis, ESTP université Paris-Est

CHAPITRE 7

Fabriquer une maquette numérique BIM et reconsidérer le projet architectural

Cas des entreprises de plâtrerie

Emilien Cristia[1,2], Pierre-Paul Zalio[2], François Guéna[1]

[1]MAP-MAACC - ENSA Paris La-Villette

[2]IDHES- ENS Paris-Saclay

emilien.cristia@gmail.com

pierre-paul.zalio@ens-paris-saclay.fr

françois.guena@paris-lavillette.archi.fr

Abstract

The integration of the BIM approach on construction activities influences the theoretical and practical design of the architectural project. This work formulates the hypothesis that the adaptation of BIM to the traditional building project creates a new stabilized object: the digital BIM model. Then, a second project emerges: a digital project. With the support of some examples taken from an ethnographic survey carried out in the École normale supérieure Paris-Saclay BIM project, this paper tries to reconsider the hypothesis of a new digital project by reassessing different changes (evolution of skills, reorganization of processes, reallocation of coordination responsibilities) which are already observable and affect architects as well as all the actors of a construction project.

Keywords

Digital BIM model, BIM project, Architect, BIM Manager, Ethnographic study

Résumé

L'intégration de la démarche BIM à l'acte de construire influence nécessairement la conception théorique et pratique du projet architectural. Ce travail est que l'adaptation du BIM au traditionnel projet de construction fait émerger un nouvel objet finalisé : la maquette numérique BIM. Avec elle, un second projet émerge : un projet numérique. En basant une partie de cette étude sur différents exemples tirés d'une enquête ethnographique menée au sein du projet BIM de l'École normale supérieure Paris-Saclay, nous tentons de reconsidérer cette hypothèse en réévaluant différents changements (évolution des compétences, réorganisation des process, réattribution des responsabilités de coordination) qui sont déjà observables et affectent non seulement les architectes mais aussi l'ensemble des acteurs de la construction.

Mots-clefs

Maquette numérique BIM, Projet BIM, Architecte, BIM manager, Enquête ethnographique

Introduction

Les projets de construction réalisés avec une démarche BIM sont de plus en plus demandés. Et si l'ensemble des acteurs de la construction se mettent progressivement au pas, c'est en grande partie grâce à l'impulsion de directives politiques, les effets concurrentiels mais c'est aussi porté par l'espoir de « construire et rénover mieux, plus vite et moins cher »[1].

Dans cet article, nous adoptons une position prospective afin de proposer une nouvelle conceptualisation du projet architectural et des objets qu'il produit lorsqu'il est soumis à l'impératif du BIM. Nous proposerons ainsi de postuler la mise en place d'un nouveau type de projet dont les visées sont à dissocier de celles du traditionnel projet architectural mené sans démarche BIM. En nous saisissant d'observations qui émanent d'une ethnographie réalisée au sein du projet de l'École normale supérieure Paris-Saclay, et plus particulièrement au cours de la phase chantier de ce projet, nous reconsidèrerons la fabrique de la maquette numérique BIM et l'évolution de certaines compétences nécessaires aux architectes (mais aussi à l'ensemble des acteurs de la construction) pour la produire. Puis, à travers le cas pratique de la synthèse d'exécution, nous tâcherons de montrer comment les responsabilités (et notamment celles des BIM managers) ainsi que les processus peuvent, eux aussi, être réassociés à deux projets distincts dont l'un semble être exclusivement numérique.

---

1   http://www.mediaconstruct.fr/sinformer/actus-bsfrance/articleid/932.

1.   Suivre les traces de la maquette numérique BIM

Notre recherche puise une partie de son contenu d'une enquête ethnographique menée au sein du projet de l'ENS Paris-Saclay. Projet notamment salué par le secteur de la construction (BIM d'or 2015) pour les moyens mis en place par le maître d'ouvrage et l'équipe de maîtrise d'œuvre pour parvenir à la production d'une maquette numérique d'exploitation-maintenance. Cette ethnographie, menée au cours de la phase chantier du projet, mobilise de multiples observations participantes au sein de réunions de synthèse, de réunions entre la maîtrise d'ouvrage, la maîtrise d'œuvre et les entreprises, des visites de chantier ou encore d'une immersion au sein de la cellule de synthèse. Ces observations sont complétées par des entretiens réalisés avec des acteurs impliqués dans la fabrique du bâtiment et de la maquette numérique BIM. Architectes, ingénieurs, maître d'ouvrage, BIM manager, responsable de synthèse, assistant maîtrise d'ouvrage, consultant informatique, entreprises ou encore responsable d'exploitation nous ont ainsi partagés leurs expériences.

L'importante implication BIM de la part de l'ensemble des acteurs du projet, la taille du projet ou encore le degré d'information auquel nous avons pu avoir accès ne permettent cependant pas de comparer ces observations avec des projets comparables. Paradoxalement, les postulats théoriques et prospectifs que nous suggérons s'appuient en grande partie sur cette expérience. Bien entendu, si le projet de l'ENS n'est pas représentatif de l'ensemble des projets BIM, les hypothèses, analyses et résultats formulés ici nous semblent cependant suffisamment génériques pour être discutés ou réévalués par une majorité de projets BIM.

2.   Reconsidérer théoriquement la démarche BIM

2.1.   BIM : sujet-objet-projet

Lorsque Gouezou (2018) considère l'évolution de l'activité de conception des architectes face au BIM, il mobilise le triptyque : *sujet-projet-objet*. Cette décomposition conceptuelle simplifiable à : *qui-comment-quoi*, peut certainement nous aider à reconsidérer les effets du BIM non seulement sur les architectes mais aussi à l'ensemble des acteurs du projet.

Tout d'abord, dans un contexte BIM, il est possible de distinguer, in fine, la production de deux *objets* : un bâtiment physique d'une part et une maquette numérique BIM d'autre part. Bien entendu, ces deux *objets* ne sont aucunement comparables : ni dans leur nature, ni dans la manière dont ils ont été construits, ni dans leurs usages. Si la maquette numérique BIM est ici entendue comme un nouvel *objet* produit, on s'attachera plus loin à préciser à quelle maquette numérique BIM nous nous référons.

Par ailleurs, ces deux *objets* sont conçus et fabriqués par le même *sujet*. Effectivement, il s'agit ici de l'ensemble des acteurs impliqués dans l'acte de construire (architectes, ingénieurs, constructeurs…) qui sont à l'origine de ces deux *objets*. Et si les *sujets* de ces deux *objets* sont les mêmes, il convient en revanche de noter que les destinataires (ou usagers) finaux sont différents. Ainsi, l'habitant peut être considéré comme l'usager du bâtiment physique et le professionnel exploitant ou le mainteneur comme l'usager de la maquette numérique BIM.

Enfin, il est très difficile de se positionner vis-à-vis du *projet*. En effet, puisque deux *objets* sont produits, deux hypothèses peuvent être dégagées. La première est de considérer que les deux *objets* s'appuient sur un unique *projet* commun. La seconde consiste à supposer l'existence d'un second *projet* propre à l'élaboration de la maquette numérique BIM.

Penser que les deux *objets* s'appuient sur un seul *projet* peut sembler viable en théorie. Cependant, cette hypothèse résiste difficilement à l'idée pratique d'une activité projectuelle unique. En effet, la construction d'un bâtiment ne fait pas appel aux mêmes compétences, à la même organisation, ne convoque pas la même métrologie et n'est pas soumise aux mêmes contraintes que la construction d'une maquette numérique BIM. Modéliser numériquement un plancher dans une maquette numérique BIM et couler une dalle de béton sur un site demeurent, a priori, des activités difficilement imputables à un même *projet*.

La seconde hypothèse est de considérer que la production d'une maquette numérique BIM « vient superposer un nouveau projet au projet » (Cristia *et al.*, 2018). En optant pour cette éventualité, alors les *projets* BIM deviennent en réalité des *projets* doubles. Ces doubles projets visent à construire deux objets, intimement imbriqués, mais aux visées résolument différentes. Par commodité de lecture on pourra dissocier ces deux projets en leur attribuant respectivement les adjectifs numérique et physique.

2.2. Construire un nouvel objet grâce à un nouveau projet numérique

Si on peut aisément admettre que la maquette numérique BIM est au cœur de la démarche BIM, il reste cependant difficile de circonscrire cet artefact, car il n'est jamais considéré comme un objet stabilisé ou finalisé (Akrich, 1987). Aussi, les approches ethnographiques ont déjà su démontrer leurs pertinences quant à l'étude et la description d'objets *en train de se faire* (Latour et Woolgar 1988) ou des processus aboutissant (ou non) à de nouveaux objets ou des innovations (Vinck, 2001 ; Midler, 1998).

Dans son enquête portant sur le métro automatique Aramis, Latour (1992) rappelle que « au début il n'y a pas de différence entre les projets et les objets. Les deux circulent de bureau en bureau sous forme de papier, de plans, de notes de service, de discours, parfois de maquette ou de synopsis. [...] À la fin, ce sont les gens, au sortir de leur bureau, qui circulent dans l'objet. » Dans le cas d'une démarche BIM, et contrairement aux bâtiments physiques, il demeure impossible de circuler dans une maquette numérique BIM, ce qui rend moins évident le repérage temporel du passage du projet à l'objet que Bruno Latour signale par « à la fin ». Chez les praticiens du projet que sont les architectes, il est communément admis que le projet de construction (le projet physique) s'achève lorsque le bâtiment est livré. À cet instant, le projet laisse place au bâtiment construit qui devient un objet stabilisé. La remise du dossier des ouvrages exécutés (DOE) constitue, par exemple, un marqueur temporel et juridique permettant d'identifier le passage du projet à l'objet finalisé.

Concernant la maquette numérique BIM, le Guide de recommandation à la maitrise d'ouvrage publié par le PTNB[1] (Delcambre *et al.*, 2016), distingue d'abord trois types de maquettes numériques BIM : la maquette numérique de phase conception, la maquette numérique de phase réalisation et la maquette numérique de phase réception (maquette numérique DOE). Il rappelle aussi que ces maquettes numériques BIM « sont trois états

---

1   PTNB : plan transition numérique dans le bâtiment.

successifs d'une même maquette qui gagne en précision au fur et à mesure ». Aussi, bien que la maquette numérique BIM d'exploitation-maintenance peut, elle aussi, être considérée comme un état supplémentaire d'évolution de cette maquette, on la confondra, pour simplifier notre propos, avec la maquette numérique DOE. Cette maquette numérique DOE, pourrait ainsi être considérée, au même titre que le bâtiment livré, comme étant l'*objet finalisé* du projet numérique. À la différence du DOE papier, qui représente principalement une trace détaillant les ouvrages exécutés, la maquette numérique DOE autorise en plus, grâce aux données qu'elle contient, la gestion et la maintenance du bâtiment (notamment via des logiciels de GMAO[1]). Elle devient ainsi non plus uniquement une trace d'un acte de construction passé mais acquiert une utilité et un usage numérique quasi quotidien (au même titre que le bâtiment physique). On notera qu'en pratique, ce n'est pas directement la maquette numérique DOE qui est utilisée par les logiciels de GMAO mais plutôt une version dégradée, (maquette numérique exploitation-maintenance) qui aura notamment su filtrer les informations qui lui sont inutiles.

D'ailleurs, l'apparition nouvelle de la dénomination d'*avatar du bâtiment* pour désigner la maquette numérique BIM peut aussi être interprétée comme une manière de dissocier l'objet en train de se faire de l'objet finalisé. Enfin, du point de vue de la sociologie des techniques, il reste relativement délicat de définir, a priori, l'état finalisé d'un objet. En effet, il est généralement convenu qu'un objet n'est finalisé que lorsque celui-ci ne pose plus question au réseau d'acteurs qui le manipulent et est « devenu par son effacement, un instrument de connaissance » (Akrich, 1987). Or, et si ce n'est pas le cas pour la maquette numérique BIM, cette entorse nous semble cependant pouvoir permettre de proposer un cheminement théorique prospectif fertile.

Ainsi, nous considérerons donc que la stabilisation de ces deux objets s'opère au même moment. C'est-à-dire au moment où les acteurs de la construction *(sujets)* ont terminé leurs activités. Ou, autrement dit, à la livraison du bâtiment physique et de la maquette numérique DOE.

Dans cette première partie, nous avons posé les prémices théoriques d'une réflexion suggérant qu'une spécificité de la démarche BIM consiste à construire pratiquement simultanément deux objets : un bâtiment physique et une maquette numérique DOE. Ceci nous incite à reconsidérer le traditionnel projet de construction en lui adjoignant un nouveau projet numérique. Il est évident que ces deux projets sont étroitement liés puisque la fabrication de la maquette numérique BIM permet d'aider la fabrication du bâtiment physique mais elle ne lui est cependant pas indispensable.

---

1   GMAO : gestion et maintenance assisté par ordinateur.

3. De nouvelles compétences au service de la fabrique de la maquette numérique BIM

3.1. Les nouvelles exigences BIM de la maîtrise d'ouvrage

La démarche BIM ne peut aboutir à une maquette numérique DOE que si elle est impulsée par un maître d'ouvrage conscient que son utilisation peut lui permettre d'économiser sur l'exploitation et la gestion du bâtiment qu'il souhaite faire construire. Une étude menée en 2018 par le CNOA[1] montre que la demande BIM dans les concours publics a largement progressé ces cinq dernières années. Ainsi entre 2013 et 2015, seuls 0,49 % des concours publics faisaient référence au BIM alors que sur la période 2016-2018, près de « 10 % des concours de maîtrise d'œuvre lancés en France intègrent des exigences en matière de BIM et de maquette numérique »[2]. Enfin, si ces données concernent uniquement la commande publique, il convient de rappeler que le montant des travaux réalisés par les maîtres d'ouvrage publics représentait près de 39 % du montant total des travaux en 2016[3] (et demeure en moyenne de 31 % sur les dix dernières années). De plus, parmi les 10 % des concours considérés, le critère de *compétence BIM* représente près de 68 % des références au BIM. Si ces requêtes sont en augmentation, les compétences exigées par la maîtrise d'ouvrage et la nature des missions confiées demeurent très imprécises. La publication du CNOA recense ainsi de multiples terminologies : « AMO BIM, BIM management, gestionnaire BIM, démarche BIM, coordinateur BIM, gestionnaire de maquette numérique communicante BIM, mission Building Information Model, BIM équivalent niveau 2, gestion de projet en BIM… ».

Ces imprécisions, révélatrices d'un degré de maturité encore faible de la part des maîtres d'ouvrage français, rend, par ailleurs, plus difficile l'identification de projets BIM susceptibles de préfigurer les nouvelles pratiques de projet à venir. En particulier, que ce soit pour la maîtrise d'ouvrage, la maîtrise d'œuvre ou les entreprises, on peut tout à fait revendiquer l'adoption une démarche BIM sans pour autant fabriquer une maquette numérique DOE. Aussi, les pratiques qui ne permettent pas encore de produire cet objet finalisé demeurent représentatives d'un état intermédiaire d'adoption et d'appropriation du BIM. Mais dont la prochaine étape consiste précisément à pouvoir livrer cet objet en s'appuyant donc sur un nouveau projet numérique.

Dans notre cas, bien que la maîtrise d'ouvrage du projet de l'ENS n'ait pas directement émise de spécifications BIM lors de la phase concours, elle a cependant su mettre en place une démarche BIM au cours de la phase de conception. La charte BIM issue des annexes CCTC[4] de ce projet rappelle ainsi que l'adoption du BIM est « pour la maîtrise d'ouvrage et la maîtrise d'œuvre, un gage de maîtrise des coûts et des délais. […] In fine, la maquette numérique du titulaire, contiendra l'ensemble des informations nécessaires au maître d'ouvrage pour assurer la gestion et la maintenance de ses locaux. Avec le DOE, le maître d'ouvrage recevra le modèle

---

1   CNOA : Conseil national de l'ordre des architectes.

2   https://www.architectes.org/sites/default/files/atoms/files/bim-concours.pdf.
    https://www.architectes.org/actualites/bim-une-demande-croissante-dans-la-commande-publique.

3   *Archigraphie 2018* (troisième édition de l'observatoire démographique et économique de la profession d'archi-tecte), p. 92.
    https://issuu.com/ordre-national-des-architectes/docs/archigraphie-2018.

4   CCTC : cahier et clauses techniques communes.

BIM DOE réunissant les maquettes DOE des titulaires. » Si le projet de l'ENS vise, entre autres, à la construction d'une maquette numérique DOE, il convient de rappeler que les concepts qui en émergent ne peuvent pas être généralisables. Néanmoins, l'étude ethnographique permet de mettre en évidence une certaine granulométrie des faits observés (aléas, doutes, errance) tout en évitant le lissage de la fabrication de la maquette numérique BIM. Ceci permet ainsi de pouvoir mieux appréhender toute la complexité de l'objet et de son élaboration.

3.2. Entre mutation des compétences et hybridation du métier d'architecte

L'analyse des métiers liés à l'élaboration du cadre bâti ou paysager[1] et plus particulièrement de la profession d'architecte est régulièrement débattue (Tapie, 2000 ; Champy, 2001 ; Chadoin, 2013) de même que l'évaluation des compétences et des expertises dont ils peuvent se revendiquer (Raynaud, 2001 ; Callon, 1996).

Les premières compétences relatives à la fabrication d'une maquette numérique BIM concernent généralement l'utilisation de process BIM et la capacité à utiliser (ou non) les nouveaux outils BIM. En particulier, la maîtrise de logiciels BIM intégrant des formats d'échanges spécifiques (IFC[2]) est devenue un impératif. Identifier l'évolution des compétences de l'ensemble des acteurs participants à l'élaboration de la maquette numérique BIM serait une tâche fastidieuse tant la diversité des professions impliquées est importante. Aussi, nous nous focaliserons uniquement sur le cas de l'architecte et en particulier son rapport au logiciel BIM. Bien entendu, les compétences de l'architecte sont différentes de celles de l'ingénieur, du constructeur ou de l'économiste, mais tous ont en commun de devoir manipuler ces nouveaux logiciels BIM.

Les architectes praticiens qui utilisent les logiciels BIM soulignent souvent un manque de souplesse quant à la qualité de la représentation des documents extraits des maquettes numériques BIM qu'ils produisent. Lors de notre enquête, une déclaration de l'un d'eux nous est apparue symboliser conjointement le constat d'une mutation des compétences et la nécessité de faire évoluer son propre métier pour faire face aux impératifs du BIM. L'architecte nous confiait ainsi : « Avant, je pouvais dessiner et représenter ce que je voulais, maintenant, je dois savoir manipuler des matrices pour pouvoir faire les hachures que je veux [...] j'ai parfois l'impression que je dois être architecte et informaticien ».

On peut distinguer dans cette déclaration deux propositions : la première concerne la gestion graphique de hachures et la seconde signale la nécessité de devoir acquérir des compétences relatives à une autre profession (informaticien).

Lorsque l'architecte se plaint de la gestion des hachures, on peut convenir que c'est plus généralement le paramétrage des options de représentation qui est décrié. On peut également imputer à la pratique de ces logiciels la difficulté à maîtriser l'épaisseur ou le type de traits utilisés, ou encore la difficulté à découper des lignes et donc à la création de motifs de repré-

---

1   Le réseau de recherche RAMAU (Réseau d'activités et métiers de l'architecture et de l'urbanisme) interroge les activités d'élaboration et de conception des projets de construction, d'urbanisme, d'aménagement ou de paysage en France et en Europe.

2   IFC : Industry Foundation Classes.

sentation personnalisés. Mais plus généralement, c'est la compétence de représentation des architectes qui semble ici être mise à défaut.

Girard (2014) pense de son côté que « la représentation [est] devenue une composante et un sous-produit parmi d'autres de la modélisation-simulation ». Ce glissement, depuis la représentation vers la modélisation, est un point capital pour les architectes, car ils ont précisément construit une partie de leur savoir-faire sur des compétences de dessin et de représentation. Terrin (2014) estime, lui, que « beaucoup d'architectes considèrent que les moyens traditionnels dont ils disposent – croquis, perspectives, maquettes, photos, CAO/DAO, images de synthèse – sont suffisants pour concevoir et représenter leurs projets. Ils ne sont donc pas forcément tentés par l'adoption de nouveaux outils qui les amèneraient à partager avec d'autres ce savoir-faire qu'ils considèrent à juste titre comme unique. » En effet, l'ensemble des moyens cités par l'auteur restent effectivement toujours suffisants pour concevoir, représenter et construire un bâtiment et donc élaborer le projet physique. En revanche, ces moyens ne permettent tout simplement pas de construire (notamment à travers la nécessité de modéliser) la maquette numérique BIM qui est devenue un impératif du projet numérique.

La réticence des architectes quant à l'adoption de nouveaux outils BIM et le partage de savoir-faire souligné par Jean-Jacques Terrin peut s'expliquer de deux manières. La première provient du fait que la maîtrise de la modélisation orientée objet et des logiciels BIM autorise la production de documents graphiques d'architecture de façon intuitive et automatique. En particulier la cohérence spatiale entre un plan et une coupe, originellement garantie par des expertises de représentation, est dorénavant directement assurée par le logiciel. La seconde interprétation concerne la caractéristique distribuée de la maquette numérique BIM et donc les outils nécessaires à son élaboration. En effet, construire une maquette numérique BIM nécessite que chaque acteur du projet renseigne les informations inhérentes à son propre champ d'activité. Aussi, en partageant et redistribuant la fabrication d'un objet supportant l'expertise de multiples acteurs, c'est une partie de leur travail respectif qui est, lui aussi, partagé et redistribué. Dans ce cas, vouloir préserver la maîtrise d'un logiciel métier propre à son activité constitue certainement une tentative de préserver son expertise mais aussi d'empêcher de la voir être disputée par d'autres.

Aujourd'hui, la tendance s'oriente vers l'utilisation d'écosystèmes BIM combinant l'ensemble des logiciels métiers et garantissant ainsi leur interopérabilité afin de faciliter la construction de la maquette numérique BIM. Cette tendance poussée par la nécessité de produire plus rapidement des maquettes numériques BIM qualitatives permet aussi de rapprocher des expertises en les plaçant à quelques clics les unes des autres. En effet, dans les logiciels BIM, les outils spécifiques de modélisations inhérents à différents corps de métiers (architecture, structure, plomberie…) se retrouvent, par exemple.

Il est ainsi de moins en moins rare de voir des architectes se saisir des capacités de simulation des logiciels BIM pour estimer des coûts financiers, faire une analyse de cycle de vie, considérer l'apport d'ensoleillement mais aussi pour simuler des organisations spatiales notamment avec le développement des nouvelles technologies de génératve design.

La seconde partie du verbatim prononcé par l'architecte : « j'ai parfois l'impression que je dois être architecte et informaticien » remet en question son identité professionnelle. Et la proposition qui est ici énoncée fait directement écho à l'une des deux rhétoriques professionnelles soulignées par Chadoin (2013) :

- une minorité « plaide pour un retour à la conception traditionnelle de l'architecte libéral, combinant la figure de l'artiste et celle du chef d'orchestre. L'architecte est un « artiste » dans la mesure où, maîtrisant parfaitement sa technique, il est capable de transcender et de créer une œuvre d'art ; il est « chef d'orchestre » lorsque, passant de la conception à la réalisation, il coordonne les interventions des différents corps de métier. »

- Les autres « soutiennent que les architectes doivent chercher à élargir leur champ d'action et à se diversifier, devenant des spécialistes « hybrides » : architecte et urbaniste, architecte et paysagiste, architecte et programmateur, etc. »

Dans notre cas, il est intéressant de noter que la démarche BIM a visiblement obligé le praticien à reconsidérer son propre champ d'action notamment en réévaluant la nécessité d'ajouter un métier complémentaire à sa profession initiale. Cette seconde spécialisation, ou hybridation, lui permettrait non seulement de lever les verrous qu'il observe au sujet de la représentation graphique (pouvoir construire les hachures qu'il souhaite) mais l'autoriserait probablement aussi à disputer d'autres positions hiérarchiques au sein de projets BIM.

D'une part, on peut ainsi penser que les architectes qui ne s'engagent pas dans la modélisation BIM prennent le risque de voir certaines de leurs compétences initiales en informatique être dépassées par de nouveaux modélisateurs. Il existe effectivement un nouveau marché d'entreprises spécialisées dans la compétence de modélisation de maquettes numériques BIM. Ces dernières proposent aux architectes (comme aux autres acteurs de la construction) dépourvus de ces compétences, de leur sous-traiter la production des maquettes numériques BIM. Certaines de ces entreprises se sont d'ailleurs dotées d'une incroyable réactivité puisqu'elles sont capables de formuler un devis ferme en 48 heures[1], ce qui représente une véritable prouesse pour le secteur du bâtiment. Il convient ici de spécifier que ces services relèvent finalement plus d'une opération de traduction de documents palliant des lacunes en termes de compétences, qu'une réelle pratique collectivement intégrée des process BIM.

D'autre part, si les architectes ne veulent pas mettre en péril leur utilité sociale dans la fabrique de la ville, ils doivent certainement aussi veiller à ce que la modélisation BIM ne constitue pas leur seul savoir-faire. En effet, si l'architecte semble toujours être identifié comme le concepteur, le chef d'orchestre et le coordinateur du projet physique, l'ensemble de ces responsabilités (sur lesquelles nous reviendrons plus loin) ainsi que son utilité sociale sont aussi à reconsidérer en ce qui concerne le projet numérique.

Nous venons de l'entrapercevoir pour le cas de cet architecte : l'introduction du BIM au secteur de la construction a pour conséquence de faire évoluer les compétences des acteurs de la construction mais aussi à déplacer certaines frontières professionnelles. Les nouvelles compétences BIM concernent principalement la fabrication de la maquette numérique BIM et semblent relativement indépendantes des savoir-faire relatifs à la construction du bâtiment. En particulier, ces observations semblent conforter l'hypothèse que coexistent, dans une démarche BIM, deux projets nécessitant des compétences professionnelles distinctes.

---

1 On pourra, par exemple, consulter le site de l'entreprise Eurosia qui propose ce type de services. www.eurosia.com.

4. Coordonner le projet numérique en phase chantier

4.1. La réunion de synthèse comme un espace-temps privilégié des projets

On constate qu'entre les acteurs de la maîtrise d'œuvre la mise en place de processus et de pratiques coopératives orientés BIM n'est pas une chose aisée. Mais dans la mesure où cette équipe représente une entité à part entière, les acteurs qui y sont associés partagent différents d'intérêts communs. Par exemple : remporter un concours sera bénéfique à l'ensemble, ou encore monter en compétence conjointement permettra d'assurer la pérennisation de collaborations ultérieures. En revanche, lorsqu'il s'agit de mettre en place ces pratiques avec les entreprises lors de la phase d'exécution, cela s'avère généralement plus fastidieux. En effet, les entreprises chargées de construire le bâtiment ont des temporalités d'actions qui ne sont pas les mêmes que les acteurs de la maîtrise d'œuvre. En particulier, les intérêts ainsi que les marges financières des entreprises de bâtiment ne se situent pas toutes aux mêmes endroits (Comet, 2007). D'ailleurs, la phase de chantier est souvent marquée par de multiples négociations tant dans l'espace propre du chantier (Jounin, 2009) qu'en dehors.

Au cours de cette temporalité, la construction collective d'une maquette numérique BIM ajoute de la contrainte mais permet aussi de libérer de nouvelles marges de manœuvre et de négociations aux entreprises. En particulier, les réunions de synthèse deviennent alors des espaces-temps de négociation et d'ajustement de la construction du bâtiment (projet physique). Mais avec l'introduction de la démarche BIM, elles deviennent aussi des espaces-temps où s'expriment, de façon hebdomadaire, les difficultés des acteurs à répondre aux exigences du projet numérique et donc à concilier la fabrique des deux projets.

L'organisation pratique des réunions de synthèse du projet de l'ENS, ainsi que les temporalités mises en place pour la production des maquettes numériques BIM des entreprises de construction sont représentées en Figure 1.

Les différents acteurs travaillent de façon distribuée entre chacune des réunions. Entre les réunions, chaque acteur échange des données et alimente sa propre maquette numérique d'exécution[1] (qui sera constitutive de la future maquette numérique DOE). À l'intérieur de ce processus, les réunions de synthèse s'apparentent alors à des nœuds ou des espaces-temps de réajustements collectifs des deux projets.

La schématisation du processus de synthèse de l'ENS permet de signaler deux choses :

1. que le projet physique et le projet numérique s'appuient sur un processus commun ;

2. que les réajustements inhérents à ces deux projets se font lors d'un même espace-temps.

---

1   On rencontre aussi la dénomination de maquette numérique métier qui permet de signaler que chaque corps de métier doit produire sa propre maquette numérique d'exécution.

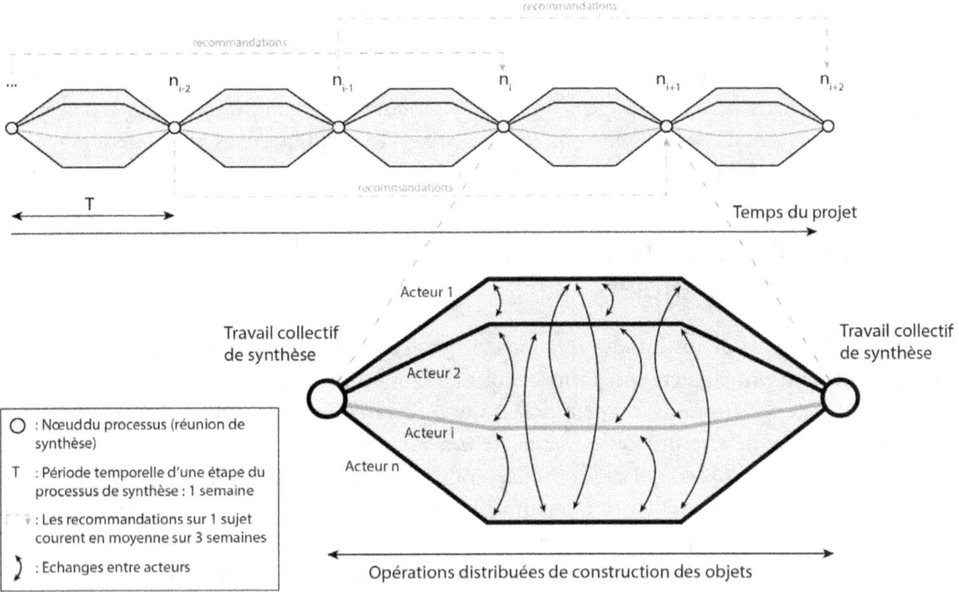

Figure 1. Schématisation du processus de synthèse dans la temporalité du projet

En revanche, concernant chacun des deux projets, le travail effectué entre chaque « nœud » s'effectue de façon totalement dissociée. Une entreprise pourra, par exemple, d'un côté avoir un BIM modeleur mettant à jour la maquette numérique d'exécution et de l'autre, avoir un ouvrier en train de couler une dalle de béton. Bien entendu, l'élaboration du projet numérique (et l'élaboration de la maquette numérique d'exécution) s'effectue avec un temps d'avance sur le projet physique, car le bâtiment se construit sur des plans validés et extraits des maquettes numériques d'exécution.

Cependant, Marie (2018) a déjà montré que la démarche BIM avait tendance à condenser les phases du projet. Et Succar est même allé plus loin en présageant une superposition complète des phases conception et d'exécution avec la phase d'exploitation-maintenance[1] à mesure que le niveau d'adoption se rapproche du BIM niveau trois. On rappelle qu'il existe une échelle de valeur allant de zéro à trois définissant la maturité ou la capacité des acteurs d'un projet à maîtriser les outils BIM et savoir travailler avec. Le niveau trois représente le niveau le plus élevé et correspond à un stade où tous les acteurs sont capables de produire et se coordonner autour d'un projet numérique de façon simultanée ou synchrone. Dans de telles conditions, la différence de temporalité entre les deux projets aurait ainsi tendance à se résorber et les fabrications de la maquette numérique BIM et bâtiment physique, pourraient alors progressivement s'opérer « en même temps ».

Lors des réunions de synthèse du projet de l'ENS, on a pu repérer que les activités relatives à ces deux projets ne sont pas du même ordre. Concernant le bâtiment, il s'agit plutôt d'anticiper et résoudre les problématiques architecturales et techniques pouvant subvenir sur le chantier tout en assurant la cohérence spatiale de l'édifice. Mais concernant la maquette

---

1   La référence originale de la publication de l'auteur (datée de 2008) reste introuvable. Cependant, les schémas conceptuels qui en émanent restent largement diffusés par son auteur et disponibles sur son site à l'adresse : https://www.bimthinkspace.com/2008/11/effects-of-bim-on-project-lifecycle-phases.html.

numérique BIM, les actions consistent à détecter et corriger les erreurs de modélisation présentes dans les maquettes numériques d'exécution, de façon à assurer la cohérence des données (ce qui garantira la qualité de la future maquette numérique DOE). Afin d'assurer que les deux projets peuvent aboutir, on a aussi pu constater qu'une importante partie du temps de ces réunions sert à sensibiliser, accompagner, expliquer, inciter, encourager, et enrôler les différents acteurs au projet numérique.

4.2. BIM Manager ou comment coordonner les acteurs pour articuler les projets

De façon générale, la définition des missions et des activités BIM est encore effectuée au cas par cas et dépend principalement, comme nous l'avons vu précédemment, de la maturité du maître d'ouvrage. Néanmoins, on peut déjà noter qu'en matière de certification des aptitudes BIM, le RNCP[1] a déjà remplacé le métier de *dessinateur-projeteur DAO-MAO* par celui de *dessinateur-projeteur BIM* ce qui est un indicateur de la reconnaissance de compétences spécifiques mais aussi de la normalisation de nouvelles professions BIM[2]. À titre comparatif, l'édition 2018 du BIM Handbook (Sacks *et al.* 2018) signale que la Corée du Sud délivre déjà des certificats associés à des équivalents précis en années d'expérience. Elle distingue ainsi hiérarchiquement quatre types d'expertises BIM : modeleur BIM, technicien BIM, coordinateur BIM et BIM manager.

Aussi, bien que l'appellation de BIM manager soit de plus en plus répandue, il n'existe à ce jour aucun indicateur (à l'exception d'années d'expériences) qui puisse permettre de distinguer le niveau responsabilité de ce métier avec celui, par exemple, de BIM coordinateur (Hosseini *et al.*, 2018). De plus, en 2005, Ausseur *et al.* (2005) insistaient sur la complexité à introduire des TIC[3] dans l'évaluation des responsabilités et l'analyse des risques de chantiers. Cependant, les assureurs professionnels de la MAF[4] ont tout de même récemment pu se positionner en cadrant les missions et les responsabilités du BIM manager. Cette nouvelle définition de la nouvelle profession BIM par les assureurs MAF peut être interprétée comme un solide ancrage de ce métier dans le paysage de la construction.

Ainsi, d'après les documents proposés par les assureurs, le BIM manager « n'est pas un constructeur au sens de l'article 1792-1 du Code civil, ne participe pas à la réalisation de l'ouvrage, ne supporte pas la responsabilité des informations émanant des acteurs. »[5] De plus, un modèle de contrat définit le BIM manager comme un acteur ayant « la charge [...] de la gestion du processus collaboratif BIM. À ce titre, il coordonne la participation de l'ensemble des constructeurs, spécialement de la maîtrise d'œuvre, en vue de la réalisation d'une maquette numérique » (Charbonneau, 2017).

En spécifiant que le BIM manager n'est donc pas un constructeur et ne participe pas à la réalisation de l'ouvrage, les assureurs ont trouvé un moyen de minimiser les risques mais

---

1 RNCP : Répertoire national des certifications professionnelles.
2 http://www.rncp.cncp.gouv.fr/grand-public/visualisationFiche?format=fr&fiche=31947.
3 TIC : Technologies de l'Information et de la Communication.
4 MAF : Mutuelle des architectes français assurances
5 On pourra consulter sur le site de la MAF les documents publiés en mars 2017 tels qu'un modèle de contrat, le tableau de répartition des missions BIM, l'annexe BIM au contrat de maitrise d'œuvre de l'architecte ou encore un modèle de contrat AMO BIM.

www.maf.fr/actualite/bim-la-maf-met-au-point-des-outils-contractuels-pour-les-concepteurs.

écartent aussi les responsabilités de ce métier inhérentes au projet physique. En revanche, la gestion et la coordination des acteurs en vue de la réalisation de la maquette numérique BIM octroient au BIM manager un rôle central dans le nouveau projet numérique.

En effet, si l'architecte représentait traditionnellement la figure de chef d'orchestre du projet physique, le BIM manager semble ici devenir le nouveau chef d'orchestre du projet numérique. Bien que ces deux rôles puissent être dissociés, l'imbrication des projets physiques et numériques nous laisse présupposer d'une concurrence possible à venir entre ces deux acteurs. Sur le plan salarial, les documents diffusés par l'entreprise Highline[1] semblent déjà montrer que les métiers BIM occupent une position plus avantageuse que les métiers de la conception[2].

De même, Champy (2001) postulait que « les architectes [verront] leurs relations avec leurs anciens subordonnés s'inverser en deux mouvements, par la mise sur le même plan de tous les acteurs de la maîtrise d'œuvre au profit du maître d'ouvrage, puis par le transfert de la fonction de coordination à un membre de la maîtrise d'œuvre autre que l'architecte. » Si l'auteur ne faisait pas référence aux effets du BIM (dont il ignorait probablement l'existence au moment où il a écrit ces lignes), il apparait pourtant clair que le BIM a déjà su horizontaliser les rapports entre acteurs et tend vraisemblablement à transférer certaines des responsabilités de coordination des acteurs.

Pour le cas du projet de l'ENS, rappelons que l'ensemble des acteurs de l'équipe de maîtrise d'œuvre avait déjà initié à la démarche BIM au cours de la phase conception et pouvait donc assumer une certaine maîtrise des processus et des outils BIM. Cette expérience leur a permis d'asseoir une certaine autorité face aux entreprises quant à l'élaboration du projet numérique. Au cours de la phase chantier, les membres de la maîtrise d'œuvre ainsi que l'équipe de synthèse ont ainsi été identifiés comme les principaux acteurs structurant du projet numérique.

Concernant la mission de synthèse, les documents contractuels du projet de l'ENS stipulent qu'elle « permet la réalisation coordonnée des dossiers d'exécution des entreprises à travers la maquette numérique d'exécution, et a pour seul objectif la visualisation des conflits et la formalisation des solutions communes exprimées par les spécialités concernées. » Il s'agit ainsi pour le responsable de synthèse d'« assurer pendant la phase d'exécution, la cohérence spatiale des éléments de l'ouvrage de tous les corps d'état [...] ».

On remarque ici que les responsabilités du directeur de synthèse portent surtout sur la construction du bâtiment (projet physique) et non pas sur le projet numérique. En effet, pour la construction de la maquette numérique BIM, une mission spécifique de BIM manager chantier, associée à l'équipe de synthèse, est mise en place. Ce dernier a alors pour mission de « contrôle [r] le respect des données entrantes dans la/les maquette (s) numérique (s) d'exécution, la conformité des éléments la constituant, la qualité « Informatique » de celles-ci, conformément à la charte BIM [...], il réalise les compilations des maquettes numériques au fur et à mesure des mises à jour soumises par les entreprises. Il gère en fin de chantier la transition de la maquette numérique chantier vers la maquette numérique DOE. »

La comparaison de ces deux missions montre que le responsable de synthèse et le BIM manager chantier, bien qu'appartenant à la même équipe, occupent des positions et ont des responsabilités relatives bien distinctes. Le premier est ainsi principalement responsable de la cohérence spatiale de l'ouvrage tandis que le second garantit la cohérence numérique et la

---

1   Selon les informations qu'elle diffuse sur son site, Highline est une société spécialisée dans le recrutement d'architectes. https://www.highlineparis.com/a-propos.

2   https://www.highlineparis.com/barometre-des-salaires.

qualité informatique des maquettes numériques constitutives de la future maquette numérique DOE. Ici encore la dissociation et le partage des responsabilités semblent indiquer l'élaboration de deux projets au sein d'une même démarche BIM.

5. Le processus de la synthèse assurant la coordination

Dans le projet ENS, la traditionnelle mission de synthèse d'exécution a vu son fonctionnement être considérablement modifié face à la nécessité contractuelle d'extraire tous les documents d'exécution des maquettes numériques d'exécution et de transmettre en fin d'opération une maquette numérique DOE. L'analyse de différents documents contractuels issus des CCTC (charte BIM, note d'organisation synthèse BIM, dossier des ouvrages exécutés et DOE BIM) nous permet de considérer la formulation de ces nouveaux processus. Nous pouvons ainsi identifier quatre phases principales dans le processus de synthèse mis en place. La Figure 2 et la description détaillée qui s'ensuit ci-après nous permettent de mieux comprendre comment s'opèrent les échanges et les flux de maquettes numériques d'exécution entre les différents acteurs et donc de comprendre comment s'élabore la fabrication de la future maquette numérique DOE.

1. La maquette numérique PRO (constituée des maquettes numériques architecte et structure), ainsi que des documents explicatifs (charte BIM, note méthodologique synthèse...) sont déposés sur un serveur afin d'être transmis à l'ensemble des entreprises.

2. L'ensemble de ces documents sont téléchargés par les entreprises. Elles doivent produire leurs maquettes d'exécution en s'appuyant sur la maquette PRO et en respectant les éléments de la charte BIM.

3. Les entreprises déposent les enveloppes (une enveloppe comprend une maquette numérique d'exécution et les livrables qui lui sont associés) sur le SEDI[1]. On notera que l'extraction des plans depuis la maquette d'exécution a été automatisée grâce à la mise en place d'un plug-in logiciel. Les plans qui doivent être visés sont transmis aux acteurs concernés (architectes, ingénieurs, bureaux de contrôle, direction des travaux) pour VISA MOE.

4. L'ensemble des maquettes d'exécutions sont téléchargées et vérifiées par le BIM Manager Chantier. Il vérifie le respect de la charte BIM et la qualité des informations saisies (géolocalisation de la maquette d'exécution, respect des typologies de familles d'objets...). Son contrôle des données lui permet d'émettre trois types de VISA BIM.

   4-A. La maquette d'exécution est mal réalisée et est donc refusée. Les livrables qui lui sont associés sont donc aussi refusés. L'entreprise concernée doit alors corriger les erreurs (retour phase 2).

   4-B. La maquette d'exécution est validée avec ou sans observations. S'il existe des erreurs dans la maquette d'exécution mais qu'elles ne sont pas bloquantes pour le processus de synthèse, le BIM Manager Chantier valide avec observations la maquette d'exécution mais signale les erreurs à l'entreprise. Si la maquette ne contient pas d'erreurs, elle est validée sans observations. Dans les deux cas, la maquette d'exécution poursuit le processus de synthèse.

---

1   SEDI : système d'echange de données informatisées

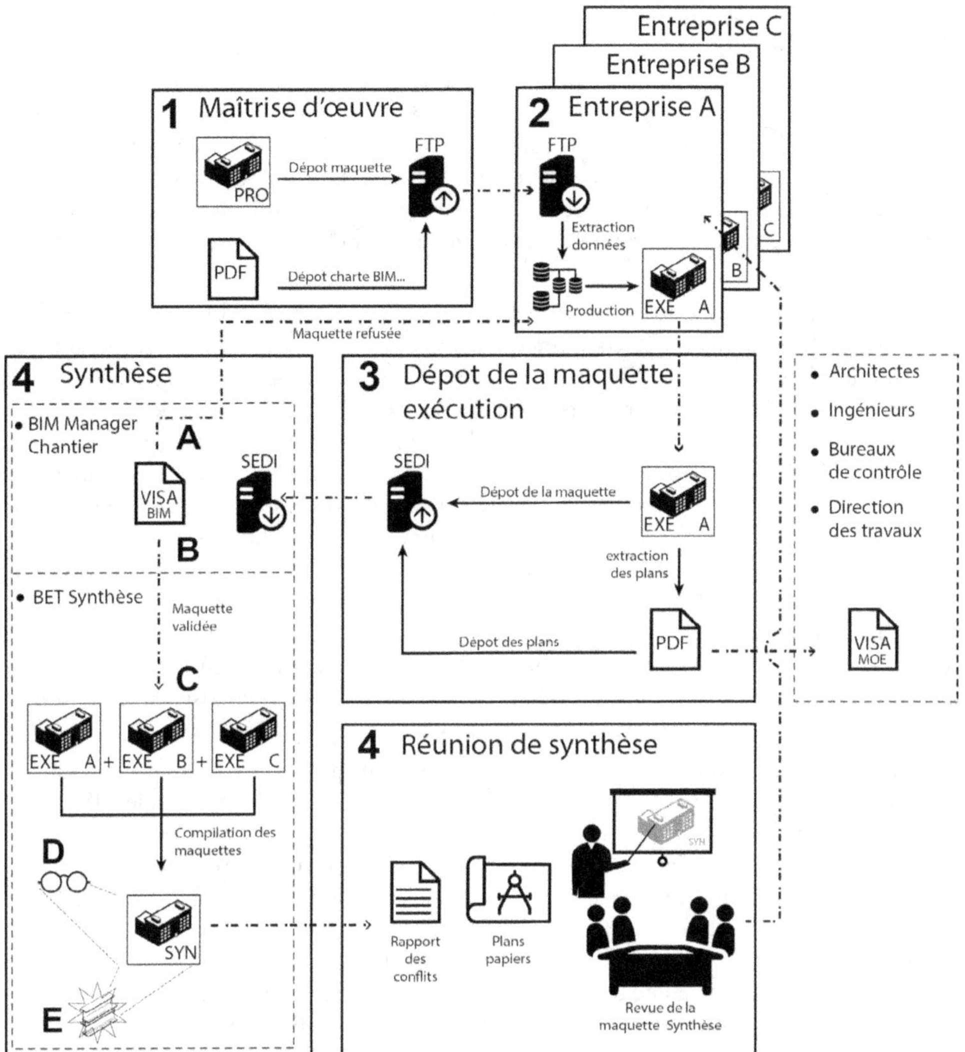

Figure 2. Processus de production des maquettes numériques BIM pendant la phase d'exécution[1]

4-C. Le BET Synthèse réalise l'assemblage des différentes maquettes d'exécutions des entreprises pour obtenir une maquette numérique de synthèse (compilation de l'ensemble des maquettes d'exécutions des entreprises).

4-D. Le BET Synthèse analyse visuellement la maquette numérique de synthèse et repère les erreurs de modélisation.

4-E. En parallèle, le BET Synthèse réalise des analyses de conflits automatiques à l'aide de différents outils informatiques (détection de clashs) pour vérifier la cohérence de la maquette d'exécution.

---

1 Figure inspirée d'un document des CCTP, réalisé par l'équipe de maîtrise d'œuvre du projet ENS.

5. L'équipe de synthèse se réunit avec les acteurs de la MOE et des entreprises concernés. Le directeur synthèse à l'ensemble des acteurs les erreurs rencontrées et l'analyse des conflits. L'ensemble des acteurs travaillent alors en s'appuyant sur les plans de synthèse et la visualisation de la maquette de synthèse via un viewer BIM pour résoudre les problématiques. À l'issue de la réunion, un compte rendu est envoyé à l'ensemble des acteurs, leur permettant de savoir les modifications qui leur sont signalées. Puis le processus reboucle sur la phase 1. À noter que pour un sujet donné : trois passes (soit trois réunions de synthèse) sont en général nécessaires pour résoudre l'ensemble des problématiques d'interphases entre entreprises.

L'observation et la description du processus de synthèse du projet ENS mettent en avant la mobilisation de nouveaux artefacts numériques nécessaires à la production des maquettes d'exécutions. Ainsi, le serveur SEDI ou la plateforme GED[1], le plug-in logiciel, le viewer BIM[2] constituent de nouveaux artefacts qui permettent de structurer l'ensemble du processus. L'utilisation de ces artefacts ajoute de nouvelles temporalités : le téléchargement d'une maquette d'exécution demande plusieurs dizaines de minutes, la mise à jour du plug-in ou du logiciel BIM nécessite une coordination précise et peut provoquer des bugs informatiques, le viewer BIM ne permet pas l'intégration de commentaires ce qui nécessite une ressaisie ultérieure… On remarque alors qu'aux habituels retards du projet physique (retard de livraison, intempérie, négociation, FMT…) s'ajoutent les retards propres au projet numérique (erreur de téléchargement, délais dans la production de maquettes d'exécution par le sous-traitant, version logiciel obsolète et non compatible…). La démarche BIM, nécessitant de nouveaux artefacts numériques, semble ainsi introduire de nouvelles temporalités assignables au projet numérique et qui ne sont plus directement liées au projet physique.

De plus, on notera que le système de production des maquettes d'exécution introduit de nouveaux filtres dans le processus général du projet architectural. En particulier, le VISA BIM permet de garantir la conformité et la qualité des informations numériques produites par les acteurs et donc la qualité des objets finalisés (bâtiment et maquette numérique DOE). Ce nouveau filtre numérique confère aussi à son responsable (le BIM Manager Chantier) une forte capacité de régulation du processus de production. Et par comparaison au traditionnel VISA MOE délivré par les acteurs structurants du projet physique (architectes, ingénieurs, direction des travaux, bureau de contrôle), la mise en place de ce VISA BIM tend, là encore, à démontrer une dissociation entre un projet physique et un projet numérique.

Conclusion

Dans cet article nous avons émis l'hypothèse forte que la démarche BIM se donne pour objectif central de produire une maquette numérique DOE dont les données seront exploitables par le maître d'ouvrage. L'élaboration de ce nouvel artefact numérique aurait ainsi pour conséquences d'introduire un nouveau projet numérique au traditionnel projet physique de construction d'un bâtiment. Cette prise de position, qui s'appuie en partie sur des éléments issus d'une ethnographie menée au sein du projet ENS, nous a permis de bâtir un cadre d'interprétation inédit et nous aide aussi à reconsidérer les enjeux liés à l'adoption d'une

---

1   GED : gestion électronique de documents.
2   Un viewer BIM permet de visualiser la géométrie d'une maquette numérique BIM. Il ne permet pas, a priori, de modéliser, ce qui fluidifie et facilite la visualisation de la maquette numérique BIM.

démarche BIM. Elle nous a autorisés, en particulier, à reconsidérer l'évolution des compétences de l'architecte et d'en traduire comme conséquence qu'il devra, sous l'influence du BIM, reconsidérer son activité en y intégrant notamment l'activité de modélisation sous réserve de se voir déposséder de son expertise liée à la représentation.

Puis, cet article met en lumière, à travers l'exemple de la synthèse d'exécution, la nouvelle réorganisation des process et des responsabilités des acteurs et notamment celles des BIM managers. Nous nous sommes notamment attachés à montrer qu'il est possible d'identifier des process et responsabilités propres à deux projets bien distincts. Sur ce point, il conviendrait d'approfondir ces investigations afin d'identifier les marqueurs de ruptures (divergences, incompatibilités) et d'articulation (synchronisation, co-construction) entre ces deux projets.

Enfin, à l'heure où les frontières entre physique et numérique se font plus poreuses, vouloir distinguer un projet physique d'un projet numérique ne va pas nécessairement de soi. Cependant, cette position nous apparaît féconde, puisqu'elle permet d'appréhender sous une autre perspective les nouvelles évolutions possibles des métiers, des responsabilités et des process liés à l'art de bâtir. Ainsi, et pour ne considérer que le cas des architectes, on pourrait probablement formuler qu'à l'avenir leurs activités ne consisteront plus uniquement à organiser et gérer de l'espace physique mais qu'ils devront également organiser et gérer de la donnée numérique.

Bibliographie

Ausseur, F., Melacca, V., 2005, « Dynamiques innovantes et nouveaux enjeux pour l'assureur », *Maîtres d'ouvrages, maîtres d'œuvre et entreprises : de nouveaux enjeux pour les pratiques de projet*, Terrin, J.-J., Éditions Eyrolles, 197 p.

Akrich, M., 1987, « Comment décrire les objets techniques ? », *Techniques et culture*, Éditions de la maison des sciences de l'homme, pp. 49-64

Callon, M., 1996, *Le travail de la conception en architecture.* Les cahiers de la recherche architecturale. 37, Éditions parenthèses, pp. 25-35

Chadoin, O., 2013, *Être architecte : les vertus de l'indétermination. De la sociologie d'une profession à la sociologie du travail professionnel*, Presses universitaires de Limoges, 384 p.

Champy, F., 2001, *Sociologie de l'architecture*, La Découverte, 128 p.

Charbonneau, C., 2017, Conditions générales du Contrat de BIM Manager – Version Bêta. AEDES Juris

Comet, C., 2007, *Capital social et profits des artisans du bâtiment : le poids des incertitudes sociotechniques,* Revue française de sociologie 48, n°1 (pp. 67-91)

Cristia, E., Zalio, P.-P., Guéna, F., 2018, Quand le BIM met la maquette à l'épreuve du numérique, Actes SCAN'18, SHS Web of Conférence, 47

Delcambre, B., Romon, C., Lamour, G., 2016, *Guide de recommandation à la maîtrise d'ouvrage,* Plan transition numérique dans le bâtiment

Girard, C., 2014, « L'architecture, une dissimulation. La fin de l'architecture fictionnelle à l'ère de la simulation intégrale », *Modéliser et simuler – Tome 2*, Varenne, F., Silberstein, M.M., Dutreuil, S., Huneman, P., Bernaud, J.-L., Lhotelier, L., Éditions Matériologiques, 770 p.

Gouezou, V., 2018, « DialecBIM : une méthode d'évaluation du « dialectisme » des esquisses à l'ère du BIM », *À la pointe du BIM*, Boutros, N., Teulier, R, Éditions Eyrolles, pp. 33-51, 137 p.

Jounin, N., 2009, *Chantier interdit au public : enquête parmi les travailleurs du bâtiment*, La Découverte, 274 p.

Latour, B., Woolgar, S., 1988, *La vie de laboratoire, la production des faits scientifiques*, La Découverte, 296 p.

Latour, B., 1992, *Aramis ou l'amour des techniques*, La Découverte, 248 p.

Marie, J.-B., 2018, *Manager le projet par la synthèse. Les collaborations entre ingénieurs et architectes.* Thèse doctorale, soutenue le 12 mars 2018, Dir. Terrin, J.-J.

Midler, C., 1998, *L'auto qui n'existait pas : management des projets et transformation de l'entreprise*, Dunod, 256 p.

Raynaud, D., 2001, Compétences et expertise professionnelle de l'architecte dans le travail de conception, Sociologie du Travail, Elsevier Masson, 43, pp. 451-569

Sacks, R., Eastman, C., Lee, G., Teicholz, P., 2018, *BIM handbook: a guide to building information modeling for owners, designers, engineers, contractors, and facility managers*, Wiley, 688 p.

Tapie, G., 2000, *Les architectes : mutation d'une profession*, Harmattan, 314 p.

Terrin, J.-J., 2014, *Le projet du projet : concevoir la ville contemporaine*, Parenthèses, 288 p.

Vinck, D., 2001, *Ingénieurs au quotidien : ethnographie de l'activité de conception et d'innovation*, Presses universitaires de Grenoble, 232 p.

Les auteurs

Sabine AYRAUD
FNTP

Pierre BENNING
Bouygues Travaux Publics

Nicolas BUS
Information System and Applications
Division, CSTB

Vincent COUSIN
Processus & Innovation

Émilien CRISTIA
MAP-MAACC - ENSA Paris La-Villette,
IDHES- ENS Paris-Saclay

Louis DEMILECAMPS
MINnD

Dominique DENEUX
LAMIH, Université polytechnique
Hauts-de-France

Muhammad FAHAD
Experis It

François GUENA
MAP-MAACC – ENSA Paris La-Villette

Elio HBEICH
Université de Bourgogne Franche-Comté –
Laboratoire d'informatique de Bourgogne ;
Information System and Applications
Division, CSTB

Samir LAMOURI
LAMIH, Arts et Métiers ParisTech,
Paris France

Thomas MAIGNE
Treegram

Robert PELLERIN
Polytechnique Montréal

Ana-Maria ROXIN
Université de Bourgogne Franche-Comté –
Laboratoire d'informatique de Bourgogne

Léa SATTLER
LAMIH, Arts et Métiers ParisTech

Pierre-Paul ZALIO
IDHES- ENS Paris-Saclay

Nicolas ZIV
ESTP, Université Paris-Est

Les reviewers

Les reviewers suivants ont participé au processus de review du workshop Recherche EduBIM 2109. La qualité de l'ouvrage leur doit beaucoup puisqu'ils ont fait une relecture rigoureuse, objective et constructive, permettant à chacun de progresser pour son propre chapitre à l'intérieur de ce processus collectif. Qu'ils en soient remerciés.

Eduard ANTALUCA
UTC

Geoffrey ARTHAUD
MEER

Marie BAGIEU
ESITC Caen

Gaëlle BAUDOUIN
UCA Polytech

Pierre BENNING
Bouygues TP, FNTP

Matthieu BRICOGNE
UTC

Christophe CASTAING
Egis, buildingSMART

Sylvain CHATRY
U de Perpignan

Dominique DENEUX
U Polytechnique des Hauts-de-France

William DERIGENT
U de Lorraine, Cran

Clément DESODT
ENS Paris-Saclay

Omar DOUKARI
CESI

Benoit EYNARD
UTC

Bernard FERRIES
ENSA Toulouse

Virginie FORTINEAU
Khtema

Peter IREMAN
ESITC Caen

Laurent JOBLOT
ENSAM Paris

Xavier JOURDAIN
ENS Paris-Saclay

Samir LAMOURI
ENSAM Paris

Vincent LEFORT
ISABTP

Thomas PAVIOT
Arts et Métiers ParisTech

Ana ROXIN
U de Dijon, Le2i

Pierre-Antoine SAHUC
ENSA Normandie

Gérard SAUCE
U de Nice

Aurélie TALON
UCA Polytech

Régine TEULIER
CRG-13 Polytechnique-CNRS

Charles-Édouard TOLMER
Eurovia

Le projet MINnD a fourni un cadre riche tant du point de vue des auteurs qui participent à ce projet national, que du fond. En effet, les sujets traités dans cet ouvrage sont également abordés dans le projet MINnD Saison 1 et Saison 2, commencé en 2019.

Le comité scientifique

Chair : Charles-Édouard TOLMER
Eurovia

Antonio AGUIAR COSTA
U Lisboa

Eduard ANTALUCA
UTC

Geoffrey ARTHAUD
MEER

Miguel AZENHA
U de Minho

Gaëlle BAUDOUIN
UCA Polytech

Pierre BENNING
Bouygues TP, FNTP

Aurélie DE BOISSIEU
Grimshaw, London

Danièle BOURCIER
Paris II CERSA CNRS

Nader BOUTROS
Archi Val de Seine

Matthieu BRICOGNE
UTC

Christophe CASTAING
Egis, buildingSMART

Dominique DENEUX
U Valenciennes

William DERIGENT
U Lorraine

Youssef DIAB
UPEM-EIVP

Omar DOUKARI
CESI

Benoit EYNARD
UTC

Bernard FERRIES
ENSA Toulouse

David GREENWOOD
BIM Academy, Newcastle

Peter IREMAN
ESITC Caen

Laurent JOBLOT
ENSAM Paris

Arto KIVINIEMI
U Liverpool

Samir LAMOURI
ENSAM Paris

Vincent LEFORT
ISABTP

Thomas PAVIOT
Arts et Métiers ParisTech

Sylvain RISS
ASSYSTEM

Lionel ROUCOULES
ENSAM Aix en Provence

Ana ROXIN
U de Dijon, Le2i

Pierre-Antoine SAHUC
ENSA Normandie

Gérard SAUCE
U de Nice

Aurélie TALON
UCA Polytech

Régine TEULIER
CRG-13 Polytechnique-CNRS

Andre THOMAS
ISBA

Jason UNDERWOOD
Salford U

Jean-Paul WETZEL
ENSA Strasbourg

Merci d'avoir choisi ce livre Eyrolles. Nous espérons que sa lecture vous a intéressé(e) et inspiré(e).

Nous serions ravis de rester en contact avec vous et de pouvoir vous proposer d'autres idées de livres à découvrir, des nouveautés, des conseils, des événements avec nos auteurs ou des jeux-concours.

Intéressé(e) ? Inscrivez-vous à notre lettre d'information.

Pour cela, rendez-vous à l'adresse go.eyrolles.com/newsletter ou flashez ce QR code (votre adresse électronique sera à l'usage unique des éditions Eyrolles pour vous envoyer les informations demandées) :

Merci pour votre confiance.
L'équipe Eyrolles

P.S. : chaque mois, 5 lecteurs sont tirés au sort parmi les nouveaux inscrits à notre lettre d'information et gagnent chacun 3 livres à choisir dans le catalogue des éditions Eyrolles. Pour participer au tirage du mois en cours, il vous suffit de vous inscrire dès maintenant sur go.eyrolles.com/newsletter (règlement du jeu disponible sur le site).